U0150105

制冷红外焦平面探测器技术

黄 立 主编

电子工業出版社·

Publishing House of Electronics Industry

北京·**BEIJING**

内 容 简 介

本书系统介绍制冷红外焦平面探测器技术，重点包括制冷红外焦平面探测器的材料技术、芯片技术、封装技术、制冷机技术、检测技术，以及制冷红外焦平面探测器应用。本书在制冷红外焦平面探测器工业化制造方面具有一定的理论和应用价值。

本书可作为制冷红外焦平面探测器制造工程技术人员、电子信息工程专业本科生或研究生及相关专业人员的教材或参考书，也可作为相关企业生产管理人员及技术人员的参考用书。

图书在版编目（CIP）数据

制冷红外焦平面探测器技术 / 黄立主编. —北京：电子工业出版社，2023.3
ISBN 978-7-121-45323-6

Ⅰ．①制⋯　Ⅱ．①黄⋯　Ⅲ．①红外探测器－探测技术　Ⅳ．①TN215

中国国家版本馆 CIP 数据核字（2023）第 055643 号

责任编辑：许存权　　文字编辑：苏颖杰
印　　刷：北京天宇星印刷厂
装　　订：北京天宇星印刷厂
出版发行：电子工业出版社
　　　　　北京市海淀区万寿路 173 信箱　　邮编：100036
开　　本：720×1 000　1/16　印张：12.25　字数：235 千字
版　　次：2023 年 3 月第 1 版
印　　次：2024 年 8 月第 3 次印刷
定　　价：89.00 元

凡所购买电子工业出版社图书有缺损问题，请向购买书店调换。若书店售缺，请与本社发行部联系，联系及邮购电话：（010）88254888，88258888。
质量投诉请发邮件至 zlts@phei.com.cn，盗版侵权举报请发邮件至 dbqq@phei.com.cn。
本书咨询联系方式：（010）88254484，xucq@phei.com.cn。

编写人员名单

主　　编：黄　立

副 主 编：周文洪　吴从义　黄　晟　高健飞

参编人员：刘伟华　刘永锋　金迎春　沈　星　黄太和

　　　　　严　冰　张冰洁　吴正虎　操神送　丁颜颜

　　　　　孙　阳　程海玲　张杨文　刘文吉　曾　勇

　　　　　李晓永　钱　阳　孙小敏　陈　丹　范新虎

　　　　　徐　军　陈　龙　李文元　信国强　陈兴华

前言

制冷红外焦平面探测器具有精度高、灵敏度高等优势，在军事、航空航天、防火预警等领域有重要应用。为满足其在严苛环境中对稳定性和可靠性的要求，制冷红外焦平面探测器批量制造技术尤为关键。

本书围绕制冷红外焦平面探测器的批量制造过程，对其部分关键技术进行系统介绍。首先介绍 II-VI 族的碲镉汞（HgCdTe）和 III-V 族的锑基超晶格两种主流红外敏感材料的生长技术，以及相应的碲锌镉（CdZnTe）衬底材料和锑化镓（GaSb）衬底材料的制备技术；接着介绍红外焦平面芯片和读出电路设计、两种材料体系的红外焦平面阵列制备，以及红外焦平面芯片集成技术；然后对制冷红外焦平面探测器的杜瓦封装的设计、工艺与可靠性评价进行分析，对制冷红外焦平面探测器常用的旋转斯特林制冷机、线性斯特林制冷机、节流制冷器设计及制造进行详细描述；阐述制冷红外焦平面探测器关键参数及其测试方法，针对典型制冷红外焦平面探测器检测结果进行分析讨论；最后介绍制冷红外焦平面探测器的应用场景，包括典型的军事领域，如手持、车载、机载、制导、卫星，以及民用领域，如气体检测、飞行视觉增强、智能监控、火灾告警等。

由于作者水平有限，书中难免有不足之处，恳请读者批评指正。

编者

2022 年 5 月

目　　录

第1章　绪论

1.1　制冷红外焦平面探测器概述

1.1.1　红外线概述

红外线是电磁波的一种，其波长范围介于可见光与无线电波之间，为 0.76～1000μm。根据大气窗口、红外应用和探测器响应等，红外线可以进一步划分为近红外线（0.76～1.4μm）、短波红外线（1.4～3μm），中波红外线（3～8μm）、长波红外线（8～15μm）、远红外线（15～1000μm），如图 1-1 所示[1]。

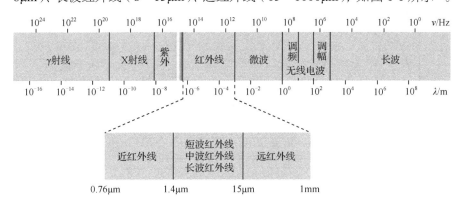

图 1-1　电磁辐射光谱图

红外探测器作为红外技术的核心部件，可以灵敏地吸收特定波段的红外线，并将其转化为可被测量的信号。根据能量转换方式的不同，红外探测器可分为光热型和光子型[2]。光热型红外探测器利用红外辐射特有的热效应，将红外辐射转换为材料的温度变化，导致材料的结构或物理特性发生变化，从而探测变化的物理量并将其转换成电信号输出。光子型红外探测器通过光电效应改变材料的电子状态，探测效率高，响应速率快。光子型红外探测器又可分为光导型和光伏型，前者是吸收光子能量后将电子从半导体价带转移到导带上，由此改变探测材料的电导率；后者是将光子能量转化为电子能量，造成半导体的电子-空穴分离态，从而产生电压信号。因此，当光子能量大于半导体的带隙（导带-价带能量差）时，便可引发电子跃迁，即探测器对该辐射波长产生响应。换言之，半导体的带隙决定了材料可以吸收的红外光的范围。另外，光子型红外探测器工作时往往处于较低温度状态，属于制冷红外焦平面探测器。

有代表性的光子型红外探测器为锑化铟（InSb）材料探测器、碲镉汞（HgCdTe）材料探测器和锑化物超晶格材料探测器。它们根据半导体带隙宽度来探测不同波段的电磁辐射。图 1-2 展示了多种材料红外探测器的不同波长对应的探测率。

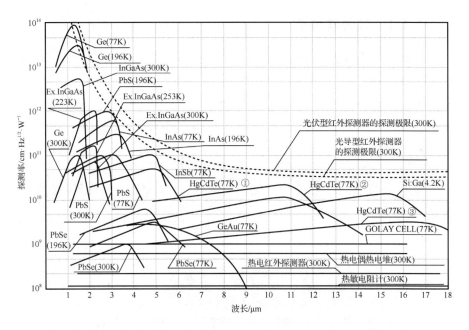

图 1-2　多种材料红外探测器的不同波长对应的探测率[3]

红外技术的早期应用主要集中在解决夜视问题上。第二次世界大战结束后，军事上的迫切需求和航天工程的蓬勃发展，使红外技术迅速发展，并在军事侦察、测绘、海洋监视、气象观测、环境保护等领域得到广泛应用。同时，红外技术也开始广泛民用化。红外技术可实测无损检测，是高效、经济的诊断工具，应用范围非常广泛，包括工业缺陷检查、高光谱成像、安全、医疗、天文、气象气候等。

大多数红外技术的应用需要穿过空气，而红外辐射在空气中会因吸收或散射而衰减。地球大气在红外波段有很多强吸收带，处于这些强吸收带之外的大气透过率较高的谱段为大气吸收窗口。在海平面以上 2km 高度的长水平路径上测得的大气光谱透过率曲线如图 1-3 所示。可以粗略地认为，地球大气有 1～3μm、3～5μm 和 8～14μm 三个红外窗口，它们在多个领域有重要的作用。通常，8～14μm 的长波（LWIR）窗口是高性能热成像的首选，因为长波能够有效衍射，具有更好的透射率。3～5μm 的中波（MWIR）窗口因其具有高对比度和更高的分辨率而受到青睐[4]。

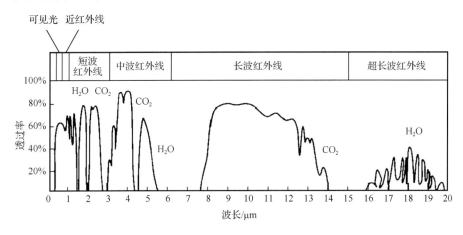

图 1-3　大气光谱透过率曲线

1.1.2　制冷红外焦平面探测器的工作原理

不同类型的目标发出的红外光有其特定的波段，因此可以利用特定波段的红外探测器对目标进行探测。探测人眼不可见的红外光并将其转换为可识别的图像的技术就是红外探测技术。按照红外芯片工作温度的不同，可将红外探测器分为制冷型和非制冷型。制冷红外探测器因其高灵敏度、低噪声、等效温差等特性，在高精度、高分辨率观测及弱光环境中，相对于非制冷红外探测器具有优势，在军事、安防等领域得到广泛应用。

制冷红外焦平面探测器的工作原理是利用入射光子流与探测器材料的电子之间的相互作用。由于入射的光子产生内光子效应，因此制冷红外焦平面探测器也称红外光子探测器。制冷红外焦平面探测器的核心部件是红外焦平面芯片，一般由红外焦平面阵列和读出电路两部分组成，如图 1-4 所示。按照红外焦平面阵列不同的工作原理，可将制冷红外焦平面探测器简单分为基于光电导效应的光导型探测器和基于光伏效应的光伏型探测器。

利用半导体材料的光电导效应制成的探测器称为光导型探测器，简称 PC 探测器。所谓光电导效应，就是由于入射光辐射，使材料产生本征吸收或杂质吸收，从而引起电导率发生改变的物理现象。光导型探测器是目前种类最多、应用最广泛的一类制冷红外探测器。半导体器件工作时，通常要对其附加外部影响（如光场、电场、磁场等），然后观察半导体中载流子的产生、扩散、漂移、复合等过程所产生的结果，如电压、电流等。

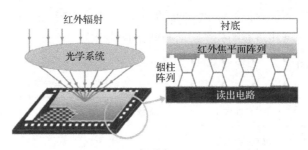

图 1-4　制冷红外焦平面探测器结构示意图[5]

　　光伏型探测器简称 PV 探测器，一般由半导体 pn 结构成。其工作原理是利用结的内建电场将光生载流子扫出结区，形成信号（若光子的能量大于或等于半导体的禁带宽度，则价带中的电子吸收光子进入导带，形成电子-空穴对）。在探测器受到光照时，产生正、负电荷的光生载流子会向相反方向运动，形成电信号，从而产生光伏效应。除了 pn 结，能够产生光伏效应的结还有肖特基势垒结、金属-绝缘体-半导体结等，使用不同的结，可以制成不同类型的光伏型探测器。

　　PC 探测器是有选择性响应波长的，只有当入射光子能量大于光敏材料中的电子激活能时，才有响应。对于 PV 探测器和本征光导型探测器，电子的激活能等于半导体的禁带宽度；对于非本征 PC 探测器，电子激活能等于杂质电离能。由于禁带宽度和杂质电离能这两个参数都有较大的选择余地，因此，PC 探测器的响应波长可以在较大范围内进行调节。例如，用本征锗做成的 PC 探测器，对近红外辐射敏感；而用掺杂质的锗做成的 PC 探测器，既能对中红外辐射敏感（如锗掺汞探测器），也能对远红外辐射敏感（如锗掺镓探测器）。

　　当制冷红外焦平面探测器工作于极低的温度条件下时，红外焦平面芯片的背景噪声小、暗电流小，探测率高、响应速度快。制冷机是维持制冷红外焦平面探测器低温工作环境、保证探测器功能正常、提高探测器灵敏度和分辨率的重要部件。目前，应用于制冷红外焦平面探测器的制冷机主要是斯特林制冷机。图 1-5 所示为旋转式斯特林制冷机，它主要由驱动控制器、直流无刷电动机、传动机构和膨胀机组成。斯特林制冷机是利用逆斯特林循环工作的制冷机，无高压供电系统，具有结构紧凑、工作温度及制冷范围宽、启动快、效率高、操作简单等优点。

图 1-5　旋转式斯特林制冷机

1.2　制冷红外焦平面探测器结构

1.2.1　探测器组成

制冷红外焦平面探测器主要由红外焦平面芯片（红外焦平面阵列和读出电路）、制冷机和杜瓦等部分构成。红外焦平面芯片主要实现从红外辐射到电信号的转换，制冷机提供深低温（60～150K）工作环境；杜瓦则保证高真空的工作环境。制冷红外焦平面探测器的研制涉及材料、红外焦平面芯片、真空封装、制冷机等多个领域，是极其复杂的系统工程。

以某型号中波制冷红外焦平面探测器为例，该产品主要由中心距为 15μm 的中波 640×512 MCT 红外焦平面阵列、640×512 CMOS 读出电路、金属杜瓦和 RS058 旋转整体式斯特林制冷机等部分组成，具有 3.7～4.8μm 的中波红外响应功能，主要用于夜视装备、周视搜索、热像观瞄、前视预警、武器导引、防空监视、红外识别等。图 1-6 和图 1-7 分别是该产品组成和实物图。

图 1-6　某型号中波制冷红外焦平面探测器组成

图 1-7　某型号中波制冷红外焦平面探测器实物图

1.2.2　探测器各部分功能

1．红外敏感材料

红外敏感材料的功能是实现红外辐射光信号转换。制冷红外焦平面探测器属于 PC 探测器，其功能实现的原理是基于入射光子流与红外敏感材料相互作用产生的光电效应。图 1-8 所示为半导体光电激发原理图。光电效应具有选择性，其响应波段与红外敏感材料的能带结构相关。可以通过对材料的带隙设计，覆盖整个红外波段（1～30μm）的探测需求。按材料带隙激发的原理不同，材料可分为本征半导体（HgCdTe、InSb 等）、非本征半导体（Si:As、Si:Ga、Ge:Hg 等）、自由载流子吸收半导体（PtSi、IrSi 等），以及超晶格材料（GaAs/AlGaAs 量子阱、InAs/GaSb 二类超晶格等）四大类。

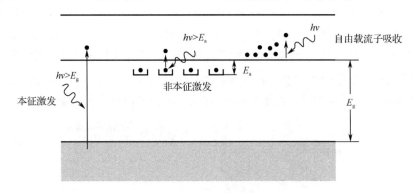

图 1-8　半导体光电激发原理图

2．红外焦平面芯片

红外焦平面芯片主要由红外焦平面阵列和读出电路（ROIC）组成，图 1-9 所示是其构成示意图。探测器工作时，红外焦平面阵列基于光电效应，将入射的红外辐射转化为电荷（光生载流子），这些电荷被读出电路收集、处理并输出，最终形成探测目标的红外图像。

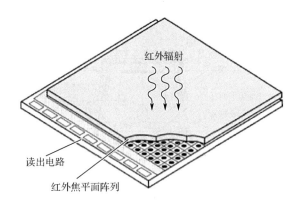

图 1-9　红外焦平面芯片构成示意图

根据可响应的不同波段，红外焦平面芯片可分为短波、中波、长波及甚长波芯片。此外，还有同时对两个或多个波段响应的红外焦平面芯片，如双色、三色等多波段芯片。

红外焦平面芯片的主要性能指标包括阵列规格、像元中心距、噪声等效温差（NETD）、盲元率、响应非均匀性等。

3. 杜瓦

微型杜瓦采用金属封装结构，通过高可靠、超低漏率密封焊接而成。杜瓦提供红外探测器的光学接口、电学接口、热学接口，与制冷机集成后提供红外探测器的机械安装接口。

杜瓦内部为高真空环境，且内部配有吸气剂，可重复激活以维持其高真空度。杜瓦冷指是杜瓦与制冷机耦合连接并进行冷量传导的部件；杜瓦冷屏主要用来限制视场并抑制背景辐射干扰；滤光片是用来选取所需辐射波段的光学器件。图 1-10 所示是武汉高德红外公司生产的 320×256/30μm 制冷红外焦平面探测器杜瓦结构示意图。

制冷红外焦平面探测器封装用真空杜瓦的主要性能指标包括滤光片波段、F 数、杜瓦组件尺寸、质量及杜瓦冷损等。

4. 制冷机

制冷机的主要作用是为制冷红外焦平面探测器提供低温工作环境，保证其正常工作。目前广泛应用的主要是斯特林制冷机和焦耳-汤姆逊（Joule-Thomson，J-T）制冷机。其中，J-T 制冷机不使用膨胀机的液化系统，依赖于焦耳-汤姆逊效应产生低温，具有体积小、质量轻、启动快的优点。

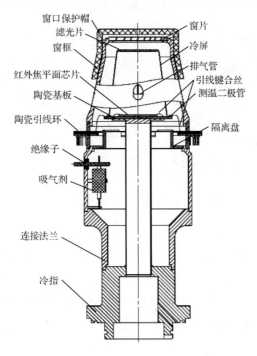

图 1-10　武汉高德红外公司生产的 320×256/30μm 制冷
红外焦平面探测器杜瓦结构示意图

斯特林制冷机是利用斯特林循环工作的制冷机（如图 1-11 所示）。与 J-T 制冷机相比，它没有笨重的高压供气系统，实现了制冷机的微型化、长寿命、长工作时间等特点。斯特林制冷机具有结构紧凑、工作温度及制冷范围宽、启动快、效率高、操作简单等特点。

图 1-11　斯特林制冷机

对于制冷红外焦平面探测器使用的制冷机，它的性能指标主要包括制冷机质量、外形尺寸、制冷温度、制冷时间、功耗、工作电压及漏率等。

1.2.3　探测器制备的工艺流程

制冷红外焦平面探测器的制备工艺主要包括材料生长、红外焦平面芯片制备、封装、制冷机制备、耦合测试等，通常包含几百道工序。以某型号中心距为 15μm 的中波 640×512 碲镉汞制冷红外焦平面探测器制备为例，其工艺流程图如图 1-12 所示。

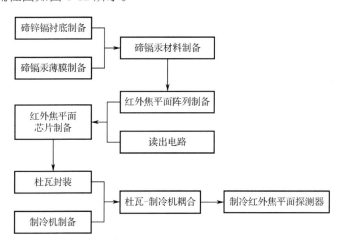

图 1-12　某型号制冷红外焦平面探测器制备的工艺流程图

其中，碲镉汞材料制备分为碲锌镉衬底制备和碲镉汞薄膜制备，经过晶锭切割后的衬底用于外延薄膜的生长。碲锌镉单晶衬底片制备包含高纯元素提纯、单晶生长、晶片加工及晶片测试工艺。碲锌镉衬底的单晶缺陷极易延伸到外延薄膜，从而影响碲镉汞外延薄膜的单晶质量和电学性能，造成碲锌镉红外焦平面芯片成像异常及成像非均匀性。因此，严格控制碲锌镉衬底的生长缺陷和加工过程所致缺陷至关重要。碲镉汞薄膜制备包含衬底表面处理、母液及碲化汞合成、外延生长和退火等。碲镉汞薄膜作为红外焦平面芯片的敏感元材料，其物理、化学及光电性能极大地影响红外焦平面芯片的成像性能。在碲镉汞薄膜的制备过程中，液相外延生长工序极其重要，决定了外延层的晶体质量、厚度及组分、汞空位水平。

红外焦平面阵列制备主要包括对准标记制作、离子注入、钝化层制备、电极制备、互连铟柱制备。通过倒装焊互连技术将红外焦平面阵列与读出电路进行互连，实现红外焦平面芯片制备。随着像元尺寸的减小和面阵规模的增大，互连的凸点尺寸在同步变小，这使得倒装焊互连的工艺难度更大。通过采用高精度倒焊机和优化工艺能够有效提高倒装焊精度和倒装焊连通率。

红外焦平面芯片一般采用金属杜瓦进行真空密封封装，封装工艺主要含零部件清洗工艺、焊接工艺、芯片粘接和键合工艺及排气工艺等。由于杜瓦要满足规定的真空寿命的要求，因此在每道焊接工艺完成后，均需要进行检漏，以确保其气密性满足要求。

制冷机制备包含装配工艺、烘烤除气工艺、磨合工艺及充排气工艺。烘烤除气工艺是通过高温、高真空烘烤除去零、组件表面吸附的污染气体。充排气工艺是通过气体置换对内部进行冲洗，冲刷污染气体和颗粒污染物，再通过抽真空进行内部除净。

耦合工艺是将杜瓦和制冷机通过冷指耦合为探测器组件。耦合过程中充注制冷工质（通常为氦气），并控制工质泄漏率，以确保制冷性能满足要求。

1.3　制冷红外焦平面探测器发展趋势

纵观制冷红外焦平面探测器近七十年的发展，其历程可分为以下三个阶段：第一阶段主要发展基于单元及线列的光机扫描型制冷红外焦平面探测器，第二阶段主要发展二维阵列凝视型制冷红外焦平面探测器，第三阶段则主要推动制冷红外焦平面探测器向高像素、高帧频、多色及高温工作方向发展。1999 年，唐纳德等人提出 $SWaP^3$ 的概念，即小尺寸、轻质量、低功耗、低成本、高性能。其中，高性能是制冷红外焦平面探测器发展的核心，涵盖大视场及高空间分辨率、丰富的波段与光谱信息、高信噪比及动态范围、高帧频与响应速率四大方面，如图 1-13 所示。在 $SWaP^3$ 理念推动下，高性能制冷红外焦平面探测器主要朝以下几个方向发展。

1. 高空间分辨率

制冷红外焦平面探测器的空间分辨率直接反映影像的清晰度，是其最基本的性能指标之一。提高空间分辨率有两条途径：增大面阵规模和减小像元尺寸。随着半导体材料及芯片加工技术的进步，制冷红外焦平面探测器的分辨率从单元、线列逐步发展到几十万，甚至上百万像素级别。图 1-14 所示为美国 Raytheon 公司面阵规模的发展历程。2016 年该公司碲镉汞探测器已经达到 8K×8K 面阵规模。

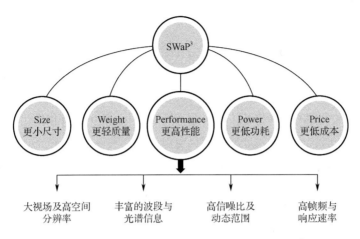

图 1-13 第三阶段制冷红外焦平面探测器的 SWaP³ 概念

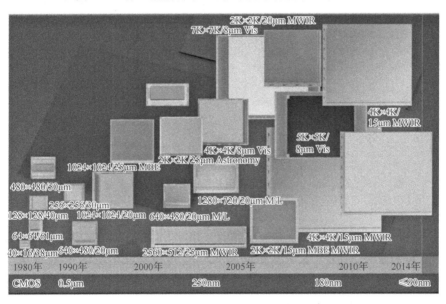

图 1-14 美国 Raytheon 公司面阵规模的发展历程[5]

碲锌镉是高性能碲镉汞外延不可或缺的衬底材料，早期碲镉汞红外敏感器件受限于碲锌镉衬底的单晶生长与加工能力，面阵规模难以做大，像元难以做小。随着大直径碲锌镉晶锭生长技术的突破，目前生长的晶锭直径已经突破 100mm，液相外延生长应用的碲锌镉衬底的最大尺寸已经达到 60×80mm²[6]。其研究将向大直径晶锭定向生长、更高的单晶质量（包括低缺陷密度、高组分均匀性等）及更高的加工能力（高平整度、满足小尺寸像元倒装焊需求）方面发展；同时，也对液相外延生长技术在厚度、组分一致性控制方面提出更大的挑战。

分子束外延（MBE）及金属有机气相沉积（MOCVD）外延技术的开发，以及异质衬底外延循环退火、位错过滤、台面退火等位错抑制技术的突破[7-9]，进一步提升了超大面阵规模红外焦平面芯片的制备能力。在异质外延方面，硅（Si）、锗（Ge）、锑化铟（InSb）、锑化镓（GaSb）及砷化镓（GaAs）等替代性衬底取代碲锌镉衬底的研究已有报道[8,10-15]。随着Ⅱ-Ⅴ族超晶格、量子阱等红外敏感材料生长技术的突破，具有上述大尺寸、易加工、低缺陷特点的衬底材料的外延技术拥有了更加广阔的发展前景。目前，这些衬底几乎都可以生长出 4～6in 的大面积单晶材料，碲镉汞分子束外延从 2in、3in 发展到目前的 8in[16]，并继续向更大尺寸发展。图 1-15 所示为美国 Raytheon 公司采用分子束外延（MBE）技术在 6in 及 8in 硅片上生长的碲镉汞外延。

图 1-15　美国 Raytheon 公司采用分子束外延（MBE）技术在 6in 及
8in 硅片上生长的碲镉汞外延[16]

在减小像元尺寸方面，高密度像元红外焦平面芯片加工技术不断突破，包括表面漏电的抑制、像元串音的控制、高密度像元与电路间的倒装焊互连技术等[17-23]，目前像元中心距最小已达到 5μm[24,25]。硅（Si）、锗（Ge）、砷化镓（GaAs）等衬底有成熟的加工工艺，具有更优良的平整度、更低的缺陷密度及组分一致性，可支撑高密度像元红外焦平面芯片制造技术的开发，在提高面阵规模的同时，有利于减小像元尺寸。

2. 丰富的波段与光谱信息

双色/多色制冷红外焦平面探测器提供了丰富的波段信息，增加不同波段的对比维度，能够有效抑制复杂的背景噪声，提高目标识别和反隐身光电对抗能力，尤其适用于军事领域的导弹预警、精确打击、目标侦察识别与跟踪等，可满足系统对低虚警率及高抗干扰性的迫切需求。早期的双色结构多为镶嵌式，通过在红外焦平面阵列入射方向上交错排列透过不同波段的滤色片，实现双色成像探测。随着制冷红外焦平面探测器技术向更大规模红外焦平面阵列方向发展，双色器件需实现大规模阵列红外焦平面结构及数字化，若镶嵌式占空比低，则难以实现大规模阵列的制备。叠层式工艺因具有高占空比，是目前双色制冷红外焦平面探测器最常用的模式。

美国 Raytheon 公司和 HRL Labs 公司均已推出百万像素级的大面阵双色制冷红外焦平面产品；法国 Lynerd 公司、英国 SELEX 公司和德国 AIM 公司也有 640×512 规格双色制冷红外焦平面探测器的报道。美国 Raytheon 公司采用分子束外延方式制备碲镉汞原位 npn 结构，实现了 1280×720/12μm 硅基异质衬底的中/长双色制冷红外焦平面探测器开发，其成像效果如图 1-16[26]所示；HRL Labs 公司采用超晶格红外材料制备技术，同样实现了 1280×720/12μm 中/长双色制冷红外焦平面探测器的开发。硅基及Ⅲ-Ⅴ族衬底外延技术的突破，使双色/多色制冷红外焦平面探测器在兼具高抗干扰性的同时，向着像素更高、成本更低的方向进一步迈进。

3. 高信噪比及动态范围

高信噪比是提高目标探测能力的一项重要指标，可更精细地感知探测场景的细节，通常用噪声等效温差参数表征。

高信噪比的典型应用为甚长波制冷红外焦平面探测器。甚长波制冷红外焦平面探测器对远程弹道导弹防御具有重要作用，同时在气象监测、深空探测领域也发挥着关键作用[27]。波长大于 14μm 的甚长波的红外敏感材料的禁带宽度很窄，受到 Auger-1 复合机制的限制，暗电流将随着截止波长呈指数级别增长，暗电流控制难度极高。因此，甚长波制冷红外焦平面探测要求器件具备更强的暗电流控制能力及更高的信噪比。由于二类超晶格及量子阱制冷红外焦平面探测器的量子效率所限，碲镉汞材料一直是甚长波器件的首选光敏材料。汞空位及掺杂型 n-on-p 碲镉汞器件由于吸收层 p 型载流子浓度难以控制在低水平，所以对暗电流的控制能力弱于 p-on-n 碲镉汞器件。美国 Lockheed Martin 公司开发的双层组分抑制的 p-on-n 台面结构，能制备截止波长大于或等于 17μm 的甚长波器件[28]，In 掺杂吸收层将载流子浓度控制在 $(2\sim5)\times10^{14}cm^{-3}$，可有效控制材料体漏电，同时高组分的 cap 层在双层钝化的基础上进一步抑制了表面漏电。该技术也是 BAE 公司制备大于或等于 15μm 的甚长波碲镉汞的主流技术[29]。随着超晶格制备技术的不断进步，其截止波长拓展至甚长波领域。2021 年日本太空发展署（JAXA）报道了大于或等于 15μm 的甚长波超晶格制冷红外焦平面探测器[30]。

图 1-16　美国 Raytheon 公司 1280×720/12μm 中/长双色
制冷红外焦平面探测器的成像效果

高动态范围的需求源于高对比度场景的探测，即兼顾弱信号及强信号的探测能力。提高红外探测器的动态范围可从抑制探测器暗电流和提高电荷处理能力两个方面来实现。通过单像元设计两个积分电容，采用预积分方式评估、选择适合的电容，可以提高探测器的动态范围[31]。在对数-线性模式电路设计中，弱信号采用线性模式，强信号采用对数模式，同样可以提高探测器的动态范围。像元级模数转换是利用数字信号实现高动态范围的有效方法，它通过将光敏电流转换为数字脉冲信号积分获得输出信号，规避了积分电容的限制，能有效提高探测器的动态范围[32]。法国 Sofradir 公司采用该方法实现了动态范围大于 90dB 的 320×256/25μm 长波制冷红外焦平面探测器的制备[33]。

4. 高帧频与响应速率

高帧频与响应速率主要针对高速运动目标跟踪探测应用领域。高速运动目标的成像在空间与时间上快速变化，要求在极短的积分时间内对目标快速成像并输出，以获得清晰的红外成像。这对制冷红外焦平面探测器的响应时间、内部增益、输出帧频等都提出了更高要求。限制制冷红外焦平面探测器帧频提高的主要因素是对微弱信号的探测能力。常规制冷红外焦平面探测器的成像需要一定的积分时间，让入射光子积累足够强的信号以区别于噪声，因此增大光学系统孔径、抑制器件暗电流对提高制冷红外焦平面探测器的帧频有一定作用，但要获得超高帧频的制冷红外焦平面探测器，需要探测灵敏度达到几个光子的水平，目前主要通过雪崩光电二极管（APD）实现[34]。

从 20 世纪 80 年代开始，国外多家制冷红外焦平面探测器制造商相继进行碲镉汞 APD 的研究，以满足航天与军事领域的应用。DRS、SELEX、Raytheon 公司、LETI 等研究机构将其在碲镉汞制冷红外焦平面探测器方面取得的研究经验与成果，应用到碲镉汞 APD 的研发中，推动了碲镉汞 APD 的发展[35-38]。法国 Frist Light Imaging 公司生产的基于碲镉汞 APD 的照相机，读出噪声达到 1 个电子的水平[35]，具有极高的帧频与灵敏度。美国 Raytheon 公司依托低缺陷密度的碲镉汞材料、低噪声高增益的 APD 和高质量的 ROIC 等技术优势，制备了四种不同用途的碲镉汞 APD 探测器[39, 40]。经过多年的技术研究与开发，碲镉汞 APD 逐步从实验演示走向实际应用，在 3D 成像、军事监视与观察，自主精确着陆和危险物避让及深太空天文研究等领域发挥重要作用。

5. 高温工作

高温工作的制冷红外焦平面探测器能够满足更轻质量、更低功耗、更低成本的 SWaP^3 理念，在保持探测器现有性能或更好性能的前提下，减小系统的尺寸、质量、功耗及价格，并且有更长的制冷机工作寿命和更小的探测器热失配应力，还能提高系统的可靠性。高温工作的制冷红外焦平面探测器的应用领域能够拓展至手持设备、瞄具、微型无人机等微型化需求场景，在红外领域扮演着越来越重要的角色。高温工作的制冷红外焦平面探测器的优势如图 1-17 所示[41]。其关键技术路线是降低暗电流，尤其是缺陷产生的低频噪声。高质量的材料是前提条件，同时还需要掌握成熟的器件工艺技术（表面钝化、退火、刻蚀、倒装焊互连等）。法国 Sofradir 公司采用 As 离子注入的 p-on-n 技术路线，典型工作温度达到 150K[42]。德国 AIM 公司采用基于非本征 Au 掺杂 LPE 技术的 n-on-p 平面结工艺，典型工作温度达到 160K[43]。2011 年，DARPA 启动的关键红外探测器技术加速计划（Vital Infrared Sensor Technology Acceleration Program，VISTA）中，采用超晶格生长技术制备的 nBn 制冷红外焦平面探测器的工作温度达到 150K。该技术采用了Ⅲ–Ⅴ族衬底，更有利于小型化及低成本化的发展方向。

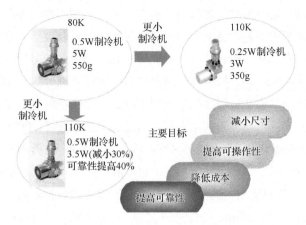

图 1-17　高温工作的制冷红外焦平面探测器的优势

　　随着国内外研发力量的不断投入，制冷红外焦平面探测器呈现多样性发展趋势，产生了一些使用新型的、极具特色的材料结构的器件，如 PIN 耗尽型碲镉汞器件、Si 基 BIB 器件、nBn 器件及 APD 红外器件等[44-46]。同时，制冷红外焦平面探测器正在由单一的传感器向多维信息融合成像的方向发展，开发人工微结构与红外探测器的片上集成技术，实现强度、相位、偏振、光谱等多维光学信息融合，即已提出的第四代制冷红外焦平面探测器的发展理念[34]。未来，制冷红外焦平面探测器将朝着多元化方向发展，针对不同应用场景的需求，在不断追求更高性能的同时，衡量尺寸、功能、成本等因素，融合多维信息的片上智能化功能，实现应用领域内的最优化设计。

参考文献

[1] BYRNES, JAMES. Unexploded ordnance detection and mitigation[M]. Berlin: Springer Group, 2009: 21-22.

[2] 何力，杨定江，倪国强. 先进焦平面技术导论[M]. 北京：国防工业出版社，2011.

[3] ROGALSKI A. HgCdTe infrared detector material: history, status and outlook [J]. Reports on Progress in Physics, 2005, 68(10): 2267.

[4] ROGALSKI A, CHRZANOWSKI K. Infrared devices and techniques [J]. Metrology & Measurement Systems, 2014, 21(4):565-618.

[5] STARR B, MEARS L, FULK C. RVS Large Format Arrays for Astronomy [C].

SPIE, 2016: 99152X.

[6] VECCHIO P L, WONG K, PARODOS T, et al. Advances in liquid phase epitaxial growth of $Hg_{1-x}Cd_xTe$ for SWIR through VLWIR photodiodes [C]. SPIE, 2004: 65.

[7] BENSON J D, FARRELL S, BRILL G, et al. Dislocation analysis in (112) B HgCdTe/CdTe/Si [J]. Journal of Electronic Materials, 2011, 40(8): 1847-1853.

[8] LEI W, REN Y L, MADNI I, et al. Low dislocation density MBE process for CdTe-on-GaSb as an alternative substrate for HgCdTe growth [J]. Infrared Physics & Technology, 2018(92): 96-102.

[9] JACOBS R N, STOLTZ A J, BENSON J D, et al. Analysis of mesa dislocation gettering in HgCdTe/CdTe/Si (211) by scanning transmission electron microscopy [J]. Journal of Electronic Materials, 2013, 42(11): 3148-3155.

[10] ZHANG W T, CHEN X, YE Z H. A study on the surface correction of large format infrared detectors [J]. Semiconductor Science Technology, 2020(35): 125007.

[11] BENSON J D, BUBULAC L O, SMITH P J, et al. Growth and analysis of HgCdTe on alternate substrates [J]. Journal of Electronic Materials, 2012, 41(10): 2971-2974.

[12] BADANO G, ROBIN I C, AMSTATT B, et al. Reduction of the dislocation density in molecular beam epitaxial CdTe (211) B on Ge (211) [J]. Journal of Crystal Growth, 2010, 312(10): 1721-1725.

[13] WENISCH J, EICH D, LUTZ H, et al. MBE growth of MCT on GaAs substrates at AIM [J]. Journal of Electronic Materials, 2012, 41(10): 2828-2832.

[14] SONG P Y, YE Z H, HUANG A B, et al. Dark current characterization of SW HgCdTe IRFPAs detectors on Si substrate with long time integration [J]. Journal of Electronic Materials, 2016, 45(9): 4711-4715.

[15] LEI W, GU R J, ANTOSZEWSKI J, et al. GaSb: A new alternative substrate for epitaxial growth of HgCdTe [J]. Journal of Electronic Materials, 2014, 43(8): 2788-2794.

[16] REDDY M, JIN X, LOFGREEN D D, et al. Demonstration of high-quality

MBE HgCdTe on 8 inch wafers [J]. Journal of Electronic Materials, 2019, 48(10): 6040-6044.

[17] YE Z, YIN W, HUANG J B, et al. Low-roughness plasma etching of HgCdTe masked with patterned silicon dioxide [J]. Journal of Electronic Materials, 2011, 40(8): 1642-1646.

[18] HU W D, CHEN X S, YE Z H, et al. A hybrid surface passivation on HgCdTe long wave infrared detector with in-situ CdTe deposition and high-density hydrogen plasma modification [J]. Applied Physics Letters, 2011, 99(9): 91-101.

[19] 崔爱梁, 孙常鸿, 叶振华. 原子层沉积原理及在碲镉汞红外探测器中的应用展望[C]. 2019 年红外遥感技术与应用研讨会暨交叉学科论坛, 2019: 7.

[20] LI Y, YE Z Y, HU W D, et al. Numerical simulation of Refractive-microlensed HgCdTe infrared focal plane arrays operating in optical systems [J]. Journal of Electronic Materials, 2014, 43(8): 2879-2887.

[21] LI Y, YE Z H, LIN C, et al. Crosstalk suppressing design of GaAs microlenses integrated on HgCdTe infrared focal plane array [J]. Optical and Quantum Electronics, 2013, 45(7): 665-672.

[22] CUI A L, LIU L F, SUN C H, et al. Analysis of dark current generated by long-wave infrared HgCdTe photodiodes with different implantation shapes [J]. Infrared Physics & Technology, 2019(103): 103036.

[23] BISOTTO S, ABERGEL J, DUPONT B, et al. 7.5 μm and 5 μm pitch IRFPA developments in MWIR at CEA-LETI [C]. SPIE, 2019:299.

[24] SHKEDY L, ARMON E, AVNON E, et al. Hot MWIR detector with 5 μm pitch [C]. SPIE, 2021: 117410W.

[25] ARMSTRONG J M, SKOKAN M R, KINCH M A, et al. HDVIP five-micron pitch HgCdTe focal plane arrays [C]. SPIE, 2014: 907033.

[26] KING D F, RADFORD W A, PATEN E A, et al. 3" generation 1280×720 FPA development status at Raytheon Vision Systems [C]. SPIE, 2006: 62060W.

[27] TIDROW M Z, DYER W R. Infrared sensors for ballistic missile defense [J]. Infrared Physics & Technology, 2001, 42(3/5): 333-336.

[28] REINE M B, KRUEGER E E, O'DETTE P, et al. Photovoltaic HgCdTe

detectors for advance GOES instruments [C]. SPIE, 1996: 501.

[29] REINE M B, TOBIN S P, NORTON P W, et al. Very long wavelength (>15μm) HgCdTe photodiodes by liquid phase epitaxy [C]. SPIE, 2004: 54.

[30] HARUYOSHI K, MAKOTO H, SEICHI S. Development status of T2SL infrared detector in JAXA [C]. SPIE, 2021: 117410V.

[31] REIBEL Y, PERE-LAPERNE N, AUGEY T, et al. Getting small, new 10 μm pixel pitch cooled infrared products [C]. SPIE, 2014: 907034.

[32] JO Y M, WOO D H, KANG S G, et al. Very wide dynamic range ROIC with pixel-level ADC for SWIR FPAs [J]. IEEE Sensors Journal, 2016, 16(19): 7227-7233.

[33] REIBEL Y, ESPUNO L, TAALAT R, et al. High performance infrared fast cooled detectors for missile applications [C]. SPIE, 2016: 98190I.

[34] 叶振华，李辉豪，王进东，等. 红外光电探测器的前沿热点与变革趋势[J]. 红外与毫米波学报，2022, 41(1): 15-36。

[35] BAKER I, MAXEY C, HIPWOOD L, et al. Leonardo infrared sensors for astronomy: present and future [C]. SPIE, 2016: 991505.

[36] ATKINSON D, HALL D, GOEBEL S, et al. Observatory deployment and characterization of SAPHIRA HgCdTe APD arrays [C]. SPIE, 2018: 107091H.

[37] ROTHMANJ J, BORNIOL E D, GRAVRAND O, et al. MCT APD focal plane arrays for astronomy at CEA-LETI [C]. SPIE, 2016: 99150B.

[38] ROTHMAN J, BORNIOL E D, ABERGEL J, et al. HgCdTe APDs for low photon number IR detection [C]. SPIE, 2017: 1011119.

[39] LANTHERMANN C, ANUGU N, BOUQUIN J B, et al. Modeling the e-APD SAPHIRA/C-RED ONE camera at low flux level [J]. A&A, 2019(A38): 625.

[40] BAILEY S, MCKEAG W, WANG J X, et al.Advances in HgCdTe APDs and LADAR receivers [C]. SPIE, 2010: 76603I.

[41] DESTéFanis G, TRIBOLET P, VUILLERMET M, et al. MCT IR detectors in France [C]. SPIE: 801235.

[42] ALAIN M, LAURENT R, YANN R, et al. Improved IR detectors to swap heavy systems for SWaP [C]. SPIE, 2012: 835334.

[43] BREITER R, EICH D, FIGGEMEIER H, et al. Optimized MCT IR-modules

for high- performance imaging applications [C]. SPIE, 2014: 90702V.

[44] LEE D, CARMODY M, PIQUETTE E, et al.High-operating temperature HgCdTe: a vision for the near future [J]. Electronic Mater, 2016, 45(9): 4587-4595.

[45] ROLLIN B V, SIMMONS E L. Long wavelength infra red photoconductivity of silicon at low temperatures [J]. Proceedings of the Physical Society, Section B, 1952, 65(12): 995-996.

[46] KLIPSTEIN P. XBn barrier photodetectors for high sensitivity and high operating temperature infrared sensors [C]. SPIE, 2008: 69402U.

第 2 章 制冷红外焦平面探测器材料技术

第 1 章简要介绍了制冷红外焦平面探测器的工作原理和分类方式，由此可知敏感材料是制冷红外焦平面探测器研制的基础，不同材料体系的特性和原理各不相同。经过几十年不断发展，制冷红外探测器在科研、军事、商业等领域取得了巨大成功，其中，碲镉汞（HgCdTe）制冷红外焦平面探测器的应用最为广泛。进入 21 世纪后，随着量子理论和材料制备技术的创新与突破，基于锑化物半导体的二类超晶格制冷红外焦平面探测器成为第三代制冷红外焦平面探测器的优选方案之一，并在实际应用中日趋成熟。

本章重点围绕碲镉汞（HgCdTe）和超晶格两类制冷红外焦平面探测器的红外敏感材料，分别介绍二者的基本物理特性和相关研制技术。由于在实际工程应用中，高质量碲镉汞（HgCdTe）和超晶格材料的制备都依赖于高质量单晶衬底材料的制备，因此在介绍完材料基本物理特性和相关研制技术后，还介绍了敏感材料外延用衬底材料，以拓展读者对红外敏感材料上游衬底材料制备技术的了解。

2.1 碲镉汞红外敏感材料

2.1.1 碲镉汞材料技术的发展历程

1959 年，Lawson 等人[1]发表了采用碲镉汞（HgCdTe）光敏材料制备光导型和光伏型红外探测器的研究报告，指出碲镉汞材料有望用于红外焦平面探测器的制备。这一成果为制冷红外焦平面探测器的设计和发展提供了广阔前景。

HgCdTe 材料制备技术的发展经历了三个重要阶段。第一阶段为 HgCdTe 体材料的制备。20 世纪 60 年代，采用固态再结晶法、布里奇曼法及碲溶剂法制备 HgCdTe 体材料，成功制造出光导型红外器件，这代表了第一代制冷红外焦平面探测器。1965 年，Verie 等人首次报道 HgCdTe 体材料的光电二极管成结方法[2]。1967 年，采用 HgCdTe 光电二极管制备的二氧化碳激光系统在法国蒙特利尔博览会上展出。随后，第一代制冷红外焦平面探测器成功应用于夜视、遥感、制导等领域。

HgCdTe 外延技术的研发成功，标志着 HgCdTe 材料制备技术进入第二阶段。随着制冷红外焦平面探测器的发展和应用，为提高目标空间分辨率，对制冷红外焦平面探测器的需求越发迫切，因此对红外敏感材料的尺寸、均匀性等要求也日益提高。20 世纪 80 年代初，HgCdTe 液相外延技术成功研发[3-5]，原生汞空位作为 p 型载流子，并采用硼离子注入技术制备 n+-on-p 光伏型红外焦平面探测器。n+-on-p 型器件工艺简单可靠、稳定性较好，其结构示意图如图 2-1（a）所示，被法国 Sofradir 等公司广泛采用。该技术至今仍是中波制冷红外焦平面探测器批量生产中工艺最成熟、工程化应用程度最高的生长制备技术。

为解决汞空位 p 型材料少子寿命短的问题，金（Au）、砷（As）、铜（Cu）掺杂的 p 型材料与 In 掺杂的 n 型材料制备技术陆续研发成功。上述掺杂型 HgCdTe 材料都能采用富碲液相外延生长技术制备。在 As 掺杂的 p 型材料制备方面，富汞液相外延生长方式有其独特的优势，可以实现 As 掺杂 HgCdTe 材料的原位激活。以 Raytheon 公司为首的美国公司一直采用该技术路线制备 p+-on-n 型组分异质结器件，其结构如图 2-1（b）所示，高组分 cap 层的设计可以起到进一步抑制器件表面漏电的作用。

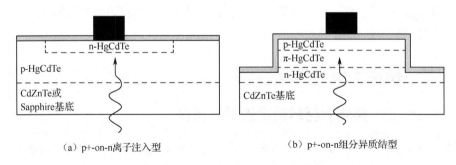

（a）p+-on-n离子注入型　　　　　　　　　　（b）p+-on-n组分异质结型

图 2-1　器件结构示意图

20 世纪 80 年代末，分子束外延（MBE）及金属有机气相沉积（MOCVD）技术在 HgCdTe 材料生长方面成功应用[6,7]。20 世纪 90 年代，MBE 实现了第三代双色制冷红外焦平面探测器的制备[8]，以其进行异质衬底生长，可实现超大规模面阵批量生产，结构设计性好，可实现双色、NBN 高温探测器开发等独特优势，被广泛关注，并在原位掺杂技术、低缺陷外延技术及位错抑制技术等方面开展了大量研究。美国 Raytheon 公司采用 npn 结构的原位成结实现了双色制冷红外焦平面探测器产品的开发，其结构如图 2-2 所示[9]；Teledyne 公司采用 HgCdTe MBE 生长及 As 离子注入技术，开发了 4K 超大面阵 Hawall 系列产品，如图 2-3 所示[10]。

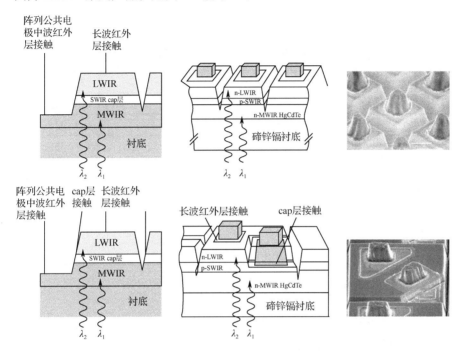

图 2-2　美国 Raytheon 公司双色制冷红外焦平面探测器产品采用的 npn 原位成结结构

图 2-3　Teledyne 公司 4K 超大规模面阵 Hawall 产品

随着高品质目标探测需求的增加，以及材料制备技术、器件加工工艺的进步，HgCdTe 制冷红外焦平面探测器进入第三阶段，逐渐形成红外焦平面技术。该阶段着重于大面积 HgCdTe 外延材料的制备、组分异质结构多层外延材料的制备和低缺陷、高少子寿命 HgCdTe 外延材料的制备，为红外探测系统提供了更强的探测功能，包括更高的空间分辨率、帧率和更好的温度分辨率。同时，红外探测系统也响应 SWaP³ 的发展需求，对 HgCdTe 材料的发展不断提出新的挑战。

HgCdTe 材料制备技术的发展与制冷红外焦平面探测器的发展密不可分，表 2-1 列出了里程碑时间表。

表 2-1　HgCdTe 材料及制冷红外焦平面探测器发展里程碑时间表

年　份	碲镉汞材料及器件研发	参　考　文　献
1959	Lawson 等人首次报道合成 HgCdTe 材料	[1]
1965	n-on-p 光电二极管（体材料）	[2]
1976	小型 FPA（第二代）	[3]
1980	HgCdTe 富碲及富汞 LPE 制备技术	[4,5]
1981	HgCdTe MBE 及 MOCVD 制备技术	[6,7]
1994	LPE 实现双色 FPA（第三代）	[8]
1998	MBE 实现双色 FPA（第三代）	[9]
2006	4K 大面阵短波 FPA	[10]

2.1.2　碲镉汞材料的基本物理特性

从结构组成来看，HgCdTe 是一种闪锌矿晶体结构的赝二元合金半导体材料。在早期的文献资料中，围绕 HgCdTe 的力、热、光、电性能展开了大量研究[11-13]。本小节结合制冷红外焦平面探测器的研制工艺，重点关注 HgCdTe 材料的能带结构、晶体结构、热学特性及功函数。

1.　能带结构

根据固体物理能带理论，HgCdTe 是一种直接带隙半导体材料，即其导带底和价带顶在 K 空间中处于同一位置。这种能带结构决定了 HgCdTe 材料吸收红外辐射能量后，其光电转换过程将通过电子由价带直接跃迁到导带实现，因而材料具有很高的量子效率。HgCdTe 材料的禁带宽度是组分和温度的函数。学界广泛采用的 HgCdTe 禁带宽度表达式为 Hansen-Schmit 公式[14]，即

$$E_g = -0.302 + 1.93x + 5.35 \times 10^{-4}T(1-2x) - 0.81x^2 + 0.832x^3 \quad （2-1）$$

式中，E_g 为禁带宽度（eV）；x 为碲镉汞材料中的 Cd 组分；T 为材料的温度（K）。根据式（2-1）的描述可以看出，随着组分增加，HgCdTe 的禁带宽度从负值变到正值。因此，通过改变 HgCdTe 材料中的 Cd 组分即可实现对制

冷红外焦平面探测器截止波长的调制，从而满足制冷红外焦平面探测器的应用需求。

值得指出的是，式（2-1）提供了一种测量 HgCdTe 组分的方法。通过测量 HgCdTe 材料的红外吸收谱，根据光谱的吸收边可以确定 HgCdTe 的禁带宽度，进而反推出 HgCdTe 材料的组分。

2. 晶体结构

HgTe 和 CdTe 材料均为闪锌矿结构，HgCdTe 由二者混合而成，同样为闪锌矿结构，即由两组面心立方晶格套构而成。其中，Te 原子占据一套面心立方晶格，Cd 原子和 Hg 原子占据另一套面心立方晶格，如图 2-4 所示。（110）面为 HgCdTe 材料的解理面，是 HgCdTe 材料最易断裂的面。沿着(111)面将 HgCdTe 材料切开，晶体将总在键密度最低的 Te 层及 Cd（Hg）层之间断开，分为两个极性不同的面，其中，一面由 Hg 和 Cd 原子组成，称为 A 面；另一面由 Te 原子组成，称为 B 面。碲锌镉材料与 HgCdTe 材料具有相同的晶体结构，且通过锌组分调整，两者能实现晶格完全匹配，因此碲锌镉是 HgCdTe 外延生长不可或缺的衬底材料。与 HgCdTe 相同，碲锌镉衬底同样分为 Te 面及 Cd（Zn）面两种不同极性面，材料的物理、化学性质会因原子键的不同而出现差异，从而影响 HgCdTe 外延在碲锌镉衬底不同极性面的生长特性。HgCdTe 材料晶格的这些特征将为 HgCdTe 外延生长及碲锌镉衬底切割定向起到重要的指导作用。

HgCdTe 作为三元化合物半导体材料，其晶格常数为组分 x 的函数。如前文所述，HgCdTe 组分是影响禁带宽度的最主要因素，因此，若能精确测量 HgCdTe 的晶格常数，则根据晶格常数与组分的对应关系即可计算出材料的组分。通过布拉格衍射定理，结合高分辨 X 射线衍射仪测量技术，可精确测量 HgCdTe 的晶格常数。通常采用 Vegard 定律进行估算，即

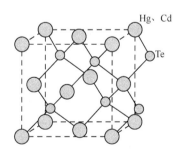

图 2-4　HgCdTe 材料的晶体结构

$$a = 6.46136 + 0.01999x \qquad (2-2)$$

式中，a 为晶格常数；x 为碲镉汞材料中的 Cd 组分。然而，需要指出的是，组分受晶格常数测试精度的影响极大，提高 X 射线测试精度尤为重要，与通过红外吸收谱测量计算组分相比，晶格常数推算的组分误差可能较大。在实际

研制工作中，还将通过 HgCdTe 材料的晶格常数来计算外延层的晶格失配，从而评估衬底与外延层的共格关系。这点是外延工艺选择适用衬底的直接依据。

3. 热学特性

在 HgCdTe 材料的热学特性中，需要重点关注的是其热膨胀系数。HgCdTe 外延层、碲锌镉衬底、读出电路、器件封装载体等不同材料热膨胀系数的差异会在 HgCdTe 材料中形成热应力。这种应力轻则使材料内部的缺陷密度增殖，重则导致外延层开裂。因此，从制冷红外焦平面探测器性能及可靠性角度出发，HgCdTe 材料的热膨胀系数对后续器件加工和封装、测试都十分重要。从报道的数据来看[15]，HgCdTe 材料的热膨胀系数在 $(4.2 \sim 4.7) \times 10^{-6} K^{-1}$ 的范围内。然而，HgCdTe 制冷红外焦平面探测器通常工作在 $77 \sim 110K$，因此精确测量低温时热膨胀产生的漂移是值得关注的。

4. 功函数

根据固体物理理论，功函数是指电子由费米能级逸出到真空能级所需的最小能量。半导体材料的功函数特性决定了器件的欧姆接触金属的选择，以及半导体异质结内电子的输运特性。n 型材料形成欧姆接触的条件是金属功函数小于半导体功函数。对于 n 型 HgCdTe 材料而言，金属 In 的功函数小于其功函数，因此理论上欧姆接触层制备在 n 型 HgCdTe 材料上的器件可采用 In 作欧姆接触层。p 型材料形成欧姆接触的条件是金属功函数大于半导体功函数，由于 p 型材料的费米能级靠近价带，半导体功函数大幅度增加，因此需要采用功函数更大的金属作欧姆接触层。对于 p 型 HgCdTe 材料，当组分低于 0.4 时，金属 Au 可作为欧姆接触层；当组分越来越高时，器件的欧姆接触层制作成为一大难点，需对材料结构及掺杂条件进行优化。

2.1.3 碲镉汞材料的类型

HgCdTe 材料可分为 p 型 HgCdTe 材料及 n 型 HgCdTe 材料两种。p 型 HgCdTe 材料包括以原生汞空位为 p 型载流子的 HgCdTe 材料，以及采用 Au、As、Ag、Cu 掺杂原子代替汞空位的 p 型 HgCdTe 材料。n 型 HgCdTe 材料主要以 In 掺杂为主。掺杂改性的目的是解决汞空位 p 型材料少子寿命短的问题。

1. p 型掺杂 HgCdTe 材料

p 型掺杂 HgCdTe 材料采用 Au、As、Ag、Cu 掺杂原子代替汞空位实现

p 型吸收层的掺杂，可用于采用硼离子注入技术制备的 n-on-p 型器件。研究发现，Ag 原子的扩散系数高、稳定性差，应用研究较少[16]；As 掺杂的稳定性好，但必须在富汞状态下才能占据 Te 位形成受主，激活工艺困难[17]。Cu 是制备环孔器件的主要掺杂改性元素，但在早期研究报道中，Cu 在 n 型材料中会显著缩短少子寿命，表明该掺杂技术的控制难度较高，目前只有 DRS 公司实现了 Cu 掺杂的产品化[18]。相较而言，Au 原子稳定性较好，是目前 n-on-p 型器件 p 型吸收层的重要掺杂原子，主要应用于高性能 n-on-p 型器件 p 型吸收层材料的制备。引入 Au 掺杂元素可延长 p 型 HgCdTe 材料少子寿命、降低暗电流、提高品质因子 R_0A 的值，是提升 n-on-p 型器件整体性能最有效的途径。但 n-on-p 型器件采用 p 型材料作为吸收层，需要保留一部分汞空位来维持电学参数的稳定，这阻碍了材料少子寿命的进一步延长。因此，理论上，n-on-p 型器件的暗电流很难控制到 p-on-n 型器件的水平。

2. n 型掺杂 HgCdTe 材料

n 型掺杂 HgCdTe 材料采用 In 掺杂原子代替汞空位实现 n 型吸收层的掺杂，可应用于 p-on-n 型器件结构。n 型材料作为吸收层，其载流子浓度可控制在较低水平，使得 n 型 HgCdTe 材料的少子寿命长于 p 型材料。因此，p-on-n 型器件可以将暗电流控制得更小。图 2-5 所示为不同结构 HgCdTe 器件品质因子 R_0A 值随截止波长变化的曲线，可以看出，与汞空位本征掺杂器件相比，非本征掺杂的 n-on-p 及 p-on-n 型器件性能得到了显著提升。

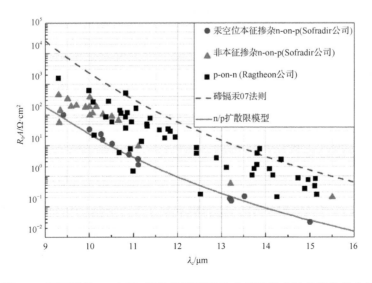

图 2-5　不同结构 HgCdTe 器件品质因子 R_0A 值随截止波长变化的曲线

2.1.4　碲镉汞材料生长

1. 碲镉汞材料生长技术

自 HgCdTe 材料制备技术进入第二阶段以来，外延技术一直是 HgCdTe 材料生长的主流技术，可分为液相外延（Liquid Phase Epitaxy，LPE）、分子束外延（Molecular Beam Epitaxy，MBE）和金属有机物气相外延（Metal-Organic Vapor Phase Epitaxy，MOVPE）。其中，前两种是目前主流的生长技术，见表 2-2。

表 2-2　HgCdTe 材料生长的 LPE 与 MBE 技术对比

技术名称	技 术 优 势	不 足	主 要 应 用
LPE	技术成熟，生长的材料位错密度低，材料晶体质量高	碲锌镉衬底单晶生长技术困难，衬底尺寸小；定向生长困难，衬底为方片，无法与常规 Si 基芯片加工工艺兼容	最成熟的中波 HgCdTe 材料生长技术；主流的长波 HgCdTe 材料生长技术
MBE	技术灵活，适合能带裁剪工程材料的生长和异质衬底的生长	技术难度大；材料位错密度高，晶体质量提升难度大	用于中短波 HgCdTe 材料生长，可提高产能、降低成本；新型制冷红外焦平面探测器（如多色、APD、高温）的材料生长

MBE 的优势在于异质衬底生长，可实现超大面阵批量生产。以其结构设计性优势可实现双色、NBN 高温制冷红外焦平面探测器的开发。美国 Raytheon 公司采用 npn 结构的原位成结实现了 640 中长双色的量产[19]及 1K 硅基中长双色制冷红外焦平面探测器产品的开发[9]。法国 LETI 公司采用单电极单 B 离子注入的 p-p-n 结构实现了中双色制冷红外焦平面探测器，以及双电极双 B 离子注入的 p-Π-p 结构实现了中长双色制冷红外焦平面探测器产品的开发[20,21]。美国 Rockwell 公司在自身成熟的 MBE 工艺的基础上，为突破高性能长波制冷红外焦平面探测器制备，成功开发了 As 离子注入技术。

然而，使用 MBE 生长的 HgCdTe 材料晶格完整性低于 LPE，有大量位错增殖，因此需要突破原位掺杂、低缺陷外延及位错抑制等关键技术，才能实现高性能红外探测器制备。受诸多技术瓶颈的限制，虽然目前国内使用 MBE 生长的 HgCdTe 材料可实现大面阵中短、中双色制冷红外焦平面探测器的制备[22]，但长波及高温等高性能制冷红外焦平面探测器仍然处于研发状态。相较而言，由于采用了晶格匹配的碲锌镉衬底，使用 LPE 生长的 HgCdTe 材料具有很低的缺陷密度，通常在 $10^5 cm^{-2}$ 以内。LPE 生长由于生长难度较低、晶体质量较好，至今仍然是制备 HgCdTe 外延薄膜的主流技术。HgCdTe 材料的 LPE 生长技术在产品化方面，国内也更为成熟。从技术成熟度及产品量产制造能力考虑，LPE 生长技术成为实现 HgCdTe 材料工程化应用的首选。

1）液相外延生长技术

液相外延分富汞液相外延和富碲液相外延两种，分别利用 HgCdTe 富汞角及富碲角的固液两相平衡相图，通过配料计算，获得所需组分的 HgCdTe 外延材料，各有优势。

富汞液相外延生长以富汞母液作为熔体。以生长组分为 0.2 的长波 HgCdTe 材料为例，当生长温度为 450～500℃ 时，富汞液相外延生长的汞饱和蒸汽大约是相应的富碲熔体的 100 倍。高汞压对外延设备的安全性设计提出很高的要求。富汞母液需要一直保持高温熔融状态，并且高汞饱和蒸汽压易造成外延表面薰汞，设备需要设计过渡仓。外延片生长完成后，在高温状态直接从高汞压区提至低汞压区，这导致设备需高达 4～5m。同时，极低的镉含量（10^{-14} 量级）使得组分均匀性的控制难度极高，生长造成的镉耗尽使其生长吸收层（厚度为 8～12μm）的 HgCdTe 外延难度很高。富汞液相外延生长虽然有上述诸多难点，但生长的 As、In 掺杂 HgCdTe 外延都能实现 100% 的原位激活，因此用于组分异质结中高组分 p 型覆盖层（cap 层）外延有其独特的优势（仍需富碲液相外延生长组分异质结中的吸收层）。英国 BAE 公司及美国 Raytheon 公司均采用该生长方式生产双层异质结构的制冷红外焦平面探测器[23]。

富碲液相外延生长以富碲母液为熔体，相对于富汞液相外延生长而言，汞压较低，只需常压设备即可实现生长，生长控制难度也相对较低，是目前汞空位及各类掺杂型吸收层 HgCdTe 材料的主流生长方式。即使采用富汞液相外延生长制备双层异质结构 HgCdTe 材料的 cap 层，也仍需要富碲液相外延生长组分异质结中的吸收层。虽然富碲液相外延生长技术无法实现 As 掺杂 HgCdTe 材料中 As 的原位激活，但其在 Au、Cu 掺杂的 p 型 HgCdTe 材料及 In 掺杂的 n 型 HgCdTe 材料中的原位激活率也能满足材料性能提升的需求。As 离子注入及注入激活技术的突破，弥补了富碲液相外延制备的 As 掺杂 HgCdTe 外延无法原位激活的缺点，使利用该技术制备的 p-on-n 平面结器件成功应用于甚长波等高性能制冷红外焦平面探测器[24]。

富碲液相外延有水平推舟式、垂直浸渍式及倾舟式三种工艺，前两者为主流制备工艺。不同的外延技术可实现不同器件结构的 HgCdTe 外延材料设计。表 2-3 列出了几种外延生长技术制备的 HgCdTe 材料类型。

表 2-3　几种外延生长技术制备的 HgCdTe 材料类型

HgCdTe 材料类型	LPE			MBE	MOVPE
	富碲水平推舟式	富碲垂直浸渍式	富汞垂直浸渍式		
p 型或 n 型单层材料	√	√			
p+-on-n 双层异质结中的 In 掺杂 n 型吸收层	√	√			
p+-on-n 双层异质结中的 As 掺杂 p 型 cap 层			√		
本征双层异质结	√未实际应用			√	√
掺杂双层异质结	√未实际应用			√	√

富碲垂直浸渍式液相外延采用"半无限母液"的生长方式，使其相较于水平外延，生长的 HgCdTe 表面不存在宏观生长波纹，所制备的制冷红外焦平面探测器成像不存在"底纹"和"鬼影"现象；同时，产能至少提高 2～4 倍，具有组分、厚度均匀性好等优点，尤其适用于大面阵器件的批量生产。

2）富碲液相外延制备技术

采用富碲液相外延生长技术制备 HgCdTe 材料的总体工艺流程图如图 2-6 所示，主要包含以下六个方面的工艺技术。

图 2-6　富碲液相外延生长制备 HgCdTe 材料的总体工艺流程图

（1）真空封管及配料合成技术。

（2）碲锌镉衬底外延生长前的无损化学抛光及清洗技术。

（3）HgCdTe 外延/CdZnTe 衬底晶格匹配控制技术。

（4）HgCdTe 外延组分、厚度均匀性控制技术（包含汞压控制及温区控制）。

（5）HgCdTe 外延退火技术。

（6）HgCdTe 外延表面缺陷控制技术。

在 HgCdTe 批量生产应用中，外延组分及厚度均匀性控制，以及 HgCdTe 外延/CdZnTe 衬底晶格匹配控制是两大关键技术。

2．碲镉汞外延的工艺控制

1）外延组分及厚度均匀性控制

采用富碲垂直液相外延生长方式进行 HgCdTe 材料的制备，在批量生产中优势显著，但同时也对汞损失控制、温区控制提出了更高的要求。垂直液相外延为半无限母液的生长方式，其优点是母液可以重复使用，但每轮生长完成后，母液都会经历一次降温过程，导致母液中析出 HgCdTe 晶体。图 2-7 所示为不同母液的扫描电镜能谱面分析，其中，图（a）、（b）分别为母液高温均匀化后及生长完成后的 SEM 图；图（c）、（d）为对应区域的 Te 成分分布图。可以看到，均匀化后的母液成分分布均匀，而在经历降温生长后的母液中可以明显看到 HgCdTe 晶体。HgCdTe 晶体的熔解需要长时间高温均匀化及搅拌运动，若无法在外延生长阶段前充分熔解，则将影响到 HgCdTe 外延组分、厚度均匀性控制，严重时将形成无法熔解的 HgCdTe 晶体，导致母液无法重复使用。

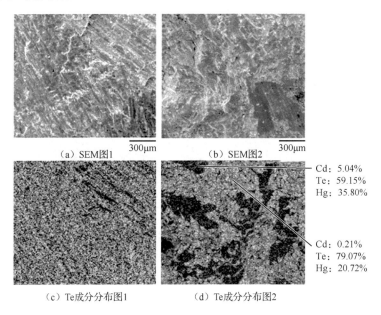

（a）SEM图1　　　300μm　　　（b）SEM图2　　　300μm

Cd：5.04%
Te：59.15%
Hg：35.80%

Cd：0.21%
Te：79.07%
Hg：20.72%

（c）Te成分分布图1　　　　（d）Te成分分布图2

图 2-7　不同母液的扫描电镜能谱面分析

（1）汞损失控制：合理的腔体结构设计、生长工装结构设计及生长控制是保证汞损失稳定的关键因素。当汞损失出现母液总质量 0.2%的偏离时，会严重影响技术人员对厚度、组分的预判，导致厚度、组分不可控，从而无法实现批量生产。

（2）温区控制：垂直外延系统中气体的对流与汞回流会大大提高温场及温度波动的控制难度。对比发现，工艺气体的变化、腔体内汞容量的差异，以及汞回流凝固放热位置都会影响温场及温度波动。多轮生长的批量生产控制，不可忽视 Te 蒸汽凝固结晶的影响，腔体壁上凝固形成的 HgTe 结晶将影响腔体热辐射，从而影响各温区的温度设置。因此，垂直外延炉的温度控制离不开技术人员的经验，需针对不同温区控制设计的外延炉进行温场设定。在批量生产过程中，应实时监控温场及温度波动的变化，从而进行有效的温区控制调整。

（3）母液均匀性控制：通过优化垂直液相外延样品架夹具系统，采用母液搅拌杆与衬底样品架分离的结构设计，可以实现生长过程中搅拌杆对母液进行充分的搅拌，使其均匀，同时避免高温搅拌时衬底进入母液导致回熔引起的母液熔点变化。此外，通过二次降温生长方式提高温场稳定度，可避免母液局部过冷引起的结晶，在生长完成后对母液进行急冷处理。优化控制后的母液可以使用上百轮次，使得外延成本大大降低。

上述工艺控制手段是富碲垂直液相外延批量生产中 HgCdTe 材料厚度、组分均匀性控制的关键。图 2-8 所示为批量生产的 20mm×30mm 及 40mm×50mm 的 HgCdTe 液相外延材料的对比。30mm×40mm 外延组分均匀性可控制在 2‰，厚度差异基本控制在 1.5μm 内。图 2-9 所示为 30mm×40mm 的 HgCdTe 外延批量生产厚度及组分均匀性控制情况。

图 2-8 不同尺寸的 HgCdTe 液相外延材料的对比

2）外延层与衬底晶格匹配控制

液相外延是一种准平衡生长过程，当外延材料与衬底的晶格匹配良好时，即晶格失配度为 0.02% 左右，外延材料的 X 光貌相为均匀貌相；当晶格失配度增大时，失配位错增殖，外延材料变为 cross-hatch 貌相；当晶格失配度进一步增大时，变为 mosaic 貌相[25-27]，甚至出现密集的点缺陷组成的丘壑状组织。图 2-10 所示为当晶格失配度达到 0.1%时，外延表面发生的"起雾"现象。因此，HgCdTe 外延/CdZnTe 衬底晶格匹配控制是批量生产的关键因素。

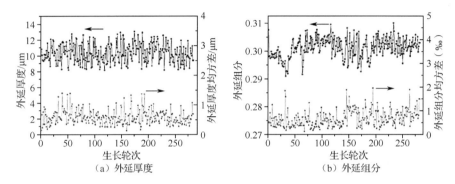

（a）外延厚度　　　　　　　　（b）外延组分

图 2-9　30mm×40mm 的 HgCdTe 外延批量生产厚度及组分均匀性控制情况

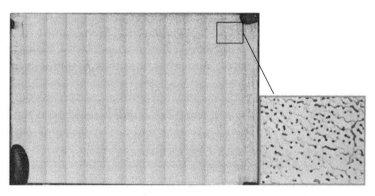

图 2-10　外延表面的"起雾"现象

MARTINKA 的实验结果显示[28]，抑制 cross-hatch 的条件是晶格失配度控制在-0.025%～0.031%。根据统计结果，为避免月牙斑及 cross-hatch 等 X 射线貌相缺陷，获得高质量的外延片，晶格失配度的控制范围与此接近。根据式（2-2）（HgCdTe 晶格常数与 Cd 组分的关系式）和式（2-3）（CdZnTe 晶格常数与 Zn 组分的关系式）计算可得[29]，制备 Cd 组分为 0.295～0.315 的中波 HgCdTe 外延，并将晶格失配度控制在-0.025%～0.031%，衬底的 Zn 组分应控制为 0.0354～0.0464。碲锌镉晶锭由于组分分凝，存在纵向组分梯度。从图 2-11 中的统计数据看，0.035～0.045 组分范围内的碲锌镉衬底占比仅为 28%左右。

$$a = 6.48268 - 0.37528z \tag{2-3}$$

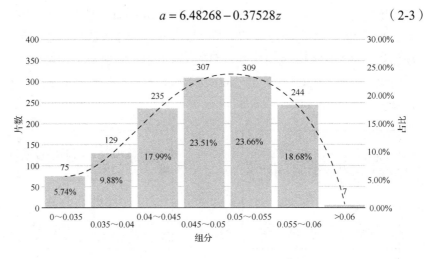

图 2-11　碲锌镉衬底组分的分布情况

　　HgCdTe 外延晶格常数调控技术的开发及使用，使衬底的使用率从 28% 上升到接近 95%，显著降低了外延成本。统计近 400 轮 0.295～0.315 组分的中波外延材料及所使用的衬底数据，进行晶格失配度与衬底组分关系分析，分布情况如图 2-12 所示，三角形分布点为未经过工艺改进，通过式（2-2）计算的晶格失配度；方形分布点为工艺改进后实际测得的晶格失配度。其中，外延、衬底晶格常数通过 XRD 测得，衬底组分通过式（2-3）计算得到，由红外光谱仪测试得到外延组分。使用的衬底组分覆盖 0.036～0.065 的范围，而晶格失配度都能控制在 -0.025%～0.031% 范围内，衬底使用率显著提升。

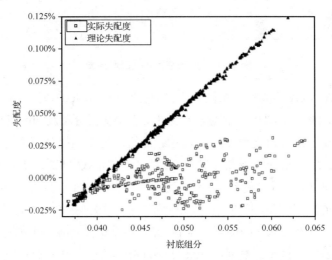

图 2-12　衬底组分及 HgCdTe 外延/CdZnTe 衬底晶格失配度分布情况

3．碲镉汞材料的缺陷

HgCdTe 外延薄膜的单晶质量直接影响材料本身的载流子浓度、迁移率、少数载流子寿命，以及器件光生载流子输运，在较大程度上决定了红外焦平面芯片的性能。研究材料缺陷与器件成像关系是改进材料制备水平及标准控制方法、推进批量生产优化的重要手段之一。

HgCdTe 外延缺陷的主要来源有两部分，一部分由衬底晶体缺陷引入，另一部分来源于外延生长控制。碲锌镉衬底的单晶完整性是 HgCdTe 薄膜晶格完整性的基本保证。由于碲锌镉材料的缺陷形成能低，在碲锌镉单晶制备过程中极易形成各类晶体缺陷，如图 2-13 所示。此类衬底晶格缺陷都将通过外延生长延伸至 HgCdTe 材料，从而影响红外焦平面芯片成像的均匀性。该类缺陷皆在碲锌镉晶体生长过程中产生，晶片加工时无法避免，因此提高衬底良率的关键仍是提升晶体生长技术水平。通过生长技术改进提高碲锌镉单晶成品率，并制定可行的碲锌镉材料缺陷控制标准，是满足批量生产对碲锌镉材料品质需求的重要手段。

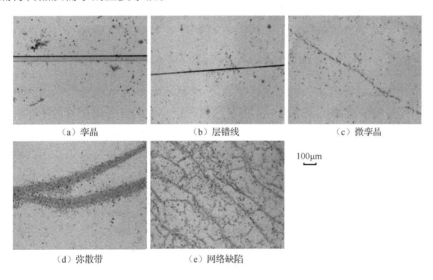

（a）孪晶　　　　　　　　（b）层错线　　　　　　　（c）微孪晶

（d）弥散带　　　　　（e）网络缺陷

图 2-13　各类碲锌镉衬底晶体缺陷图

HgCdTe 薄膜在生长过程中将基本复制衬底材料的线缺陷、面缺陷和部分点缺陷，同时还会引入少量的 C 和 Te 夹杂物，但基本不新增线缺陷或面缺陷。图 2-14 总结了几种 HgCdTe 材料的缺陷。图 2-14（a）、（b）所示分别为碳和 HgTe 污染。图 2-14（c）中，HgCdTe 外延表面不连续的线性缺陷是由母液中严重的碳污染引起的。图 2-14（d）所示为衬底表面颗粒污染造成的 20～300μm 圆形缺陷。图 2-14（e）所示为凸高大于 6μm 的三角形缺陷，母液成分在三角形的中间，边缘出现局部纯 Te。这种缺陷是由于生长过程中母液过冷而引起的晶须或 Te 沉淀。图 2-14（f）所示为椭圆形凸起缺陷，缺陷的中心区域是母液组分。此缺陷是生长过程中母液过冷而在衬底上形成的固体宏观缺陷。在控制衬底单晶完整性的基础上，提高外延生长汞压、温区等技术参数的控制水平，有效控制过程，并建立 HgCdTe 材料缺陷筛选标准，可以极大地保证红外焦平面芯片成像的质量。

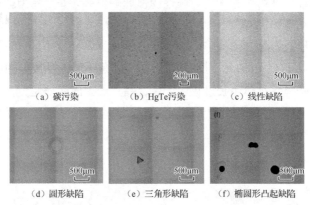

（a）碳污染   （b）HgTe污染   （c）线性缺陷

（d）圆形缺陷   （e）三角形缺陷   （f）椭圆形凸起缺陷

图 2-14　几种 HgCdTe 材料的缺陷

焦平面成像时，一些红外焦平面芯片响应图出现了六角形或三角形缺陷，而与周围正常区域的响应不同。通过分析衬底的红外透射显微图像、外延层的 XRT 图像、红外焦平面芯片响应图，发现这些缺陷与衬底夹杂物有极大的关联。衬底夹杂物有 Cd 夹杂物及 Te 夹杂物两种，Cd 夹杂物一般呈六角形，Te 夹杂物一般呈三角形。衬底夹杂物的尺寸和密度越大，红外焦平面芯片响应图中出现三角形或六角形白点的概率就越大。衬底表面或几微米深处的夹杂物会延伸到外延层，使外延层局部成分和应力产生差异，导致红外焦平面芯片成像产生差异，如图 2-15 所示。控制基底夹杂物的尺寸和密度可以有效地提高红外焦平面芯片成像的质量。

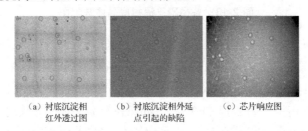

（a）衬底沉淀相   （b）衬底沉淀相外延   （c）芯片响应图
　　红外透过图　　　　点引起的缺陷

图 2-15　红外焦平面衬底沉淀对红外焦平面芯片成像的影响

2.1.5　碲锌镉衬底材料

1．碲锌镉衬底材料概述

性能优异的 HgCdTe 外延离不开高质量的衬底材料，而碲锌镉（CdZnTe）衬底材料和 HgCdTe 材料具有一样的晶体结构，通过调整锌的组分，两者还能在晶格大小上实现完全匹配。因此，它是 HgCdTe 外延最理想的衬底材料。此外，碲锌镉材料的禁带宽度大于红外波段光子的能量，不吸收红外辐射，器件结构的设计可采用背入射的方式。虽然近年来异质衬底上的 HgCdTe 外延技术发展得非常迅速，但高性能碲镉汞红外焦平面器件、长波红外焦平面器件、新型碲镉汞雪崩型红外焦平面技术和高温工作红外焦平面技术的发展仍旧依赖于碲锌镉衬底材料。

经过几十年的发展，目前碲锌镉晶体生长方式主要有两种，一种是气相输运法，先将碲锌镉多晶料密封在石英安瓿中，然后装入有多温区的长晶炉，利用原材料高温升华作用，气相输运沉积出结构好、纯度高的单晶体，该方式的温度控制难度大、生长速度慢，且生长的晶体体积较小；另一种是熔体法，也是目前生长碲锌镉单晶的主流方式，主要有以下几种方法。

1）布里奇曼法

布里奇曼法（Bridgman Method）的主要原理是先把高纯原料或多晶料全部高温熔化，然后缓慢移动坩埚或炉体，使熔液从坩埚头部到尾部缓慢结晶，从而获得单晶体。该方法的优点是生长设备简单，能生长大直径的晶体，生长速度快。以布里奇曼法为基础，科研人员对其进行了一系列优化和改进，研究出垂直布里奇曼法[30]、水平布里奇曼法[31]、高压布里奇曼法[32]、Cd 压控制[33]、坩埚加速旋转工艺[34]、涡旋电流固液界面监测辅助生长技术[35]等。

2）垂直梯度凝固法

垂直梯度凝固法（Vertical Gradient Freeze，VGF）[36,37]是指在生长过程中使坩埚和炉体的位置固定不动，通过调控温度、控制温场移动实现单晶生长。该方法避免了布里奇曼法中坩埚和炉膛相对位置变动导致的炉膛内热辐射对流情况改变对温场的影响。这种方法能够保证温场的相对稳定，生长较大直径的单晶体，但实际生长速度随温度梯度的变化而改变，受温场波动的影响较大，对温场的控温精度要求十分严格。

3）移动加热器法

移动加热器法（Transplant Heater Method，THM）的基本原理是在加热过程中，多晶原料在上部熔解界面熔解，在扩散、对流等作用下输运到下部的生长界面上生长，保持加热器与坩埚以某合适的速度相对移动，从而使生长过程持续，进而生长出单晶碲锌镉材料。该方法具有液相外延与区熔法提纯的共同优势，可以在远低于晶体熔点的温度下生长纯度高、组分均匀性好、缺陷密度低的优质单晶体。该方法是目前用来生长高阻材料的主流方法之一，但其生长的晶体中存在大量富碲非晶相缺陷，需要通过热处理才能消除，这间接增加了生产成本。

表 2-4 是几种常见的生长碲锌镉单晶的方法对比。表 2-5 是目前国内外生长碲锌镉单晶的进展情况。

表 2-4　几种常见的生长碲锌镉单晶的方法对比

方 法 名 称	尺　寸	纯　度	偏离化学配比的程度	结晶性	实现籽晶生长的难易程度	生产成本
垂直布里奇曼法	大	中等	低	高	较难	低
水平布里奇曼法	大	中等	低	高	容易	中等
热交换法	大	中等	高	中等	容易	中等
移动加热器法	小	高	高	低	较难	高
高压布里奇曼法	大	中等	高	中等	较难	中等
垂直梯度凝固法	大	中等	低	高	容易	低

表 2-5　目前国内外生长碲锌镉单晶的进展情况[38]

方法名称	结　果	参考文献作者	年　份
垂直梯度凝固法	直径为 75mm、长为 40mm 的单晶锭条，(111) 方向晶体的位错腐蚀坑密度小于 10^5cm^{-2}	Oda et al.	1986
垂直布里奇曼法	单晶锭条直径为 50mm，位错腐蚀坑密度为 $2\sim4\times10^4\text{cm}^{-2}$	Sen et al.	1988
水平布里奇曼法	(111) 晶片面积达 28mm^2	Cenvart et al.	1990
垂直梯度凝固法	(111) 籽晶生长，单晶锭条直径为 50mm，长为 40mm	Azoulay et al.	1990
气相输运法	单晶锭条直径为 2mm，位错腐蚀坑密度小于 10^4cm^{-2}	Grasza et al.	1992
移动加热器法	直径为 32mm、长为 80mm 的辐射探测器用高阻抗材料	Ohmori et al.	1993
垂直布里奇曼法	直径为 64mm，位错密度接近 10^5cm^{-2}	Casagrande et al.	1993

续表

方法名称	结　　　果	参考文献作者	年　　份
垂直布里奇曼法	高压法生长出直径为 100mm 的单晶锭条	Butler et al.	1993
垂直梯度凝固法	直径为 100mm、无孪晶线的体单晶，位错密度为 $4\sim6\times10^4\text{cm}^{-2}$	Asahi et al.	1995
垂直布里奇曼法	6kg、直径为 100mm 的体单晶，位错密度为 $10^4\sim10^5\text{cm}^{-2}$	Neugebauer et al.	1994
气相输运法	直径为 23mm，位错密度为 10^5cm^{-2} 量级	Palosz et al.	1996
垂直梯度凝固法	直径为 100mm，位错密度为 $5\times10^4\text{cm}^{-2}$ 量级	Hoschl et al.	1998

2. 碲锌镉材料特性

碲锌镉在常温常压下为闪锌矿结构，属于立方晶系，是 II-IV 族化合物半导体。从晶体结构上，可以看作是 CdTe 和 ZnTe 两者固熔而成的，其熔点可通过调整 Zn 含量，在 1092~1295℃ 之间连续变化。碲锌镉晶体是一种性能优异且具有广泛用途的三元化合物半导体材料，其晶格常数可以通过改变 Zn 组分加以调制，能够和窄禁带的 HgCdTe 材料在晶格上实现完全匹配。因此，碲锌镉作为 HgCdTe 外延的理想衬底材料，已被广泛应用于制备高性能制冷红外焦平面探测器[39-41]。此外，碲锌镉还具有电阻率高、暗电流低、热稳定性好、带隙宽且可调、探测射线能量分辨率较高等多项优异的性能，因此在 X 射线和 Y 射线探测器上有着广泛的应用[42,43]。

3. 碲锌镉材料制备工艺

与 Si 和 GaAs 等半导体材料的晶体生长相比，碲锌镉的物理性质相对特殊，属于三元合金。以下物理性质决定了生长这类单晶有一定的困难。

（1）较低的热导率（$<0.01\text{W}\cdot\text{cm}^{-1}\cdot\text{K}^{-1}$）使得结晶过程中释放的热量不易散发，难以形成平的或微凸向熔体的固液界面形状。

（2）生长过程中需要过热的熔体，造成技术上难以实现引晶生长。

（3）堆垒层错能量较低，长晶过程中易产生孪晶和层错，也容易使得晶格相互倾斜和旋转，影响晶体的完整性。

（4）临界剪切应力小，在热应力及其他因素的影响下，容易产生大量的位错。

（5）生长碲锌镉晶体时还受 Zn 分凝效应（分凝因数 $k=1.35$）的影响。

（6）在高温条件下容易引入有害杂质，从而影响晶体质量。

运用各种生长技术克服上述困难，生长出符合用作衬底要求的、近乎完美的碲锌镉晶体是晶体生长的首要目标。尽管生长制备的方法多种多样、优势各异，但目前商用的碲锌镉单晶体仍然以布里奇曼法生长为主。其中，垂直布里奇曼法是一种普遍采用的方法。采用垂直布里奇曼法制备碲锌镉衬底的总体工艺流程图如图 2-16 所示。

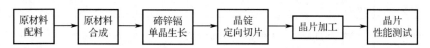

图 2-16　采用垂直布里奇曼法制备碲锌镉衬底的总体工艺流程图

1）碲锌镉合成工艺

对于大直径（≥3in）碲锌镉单晶的制备，材料合成问题变得更加困难。高纯半导体原材料合成过程通常在高纯和超高真空的石英管内进行。合成技术的关键是避免化合反应中产生的潜热剧烈释放，因为这种剧烈放热反应会引起快速升温，导致坩埚的内压迅速升高，一旦超过石英管耐压范围就会破裂。尤其随着坩埚直径增大，装料质量也增多，合成反应发生爆炸的概率直线上升，坩埚裂管甚至炸管的概率也随之大增。因此，掌握安全可靠、易于批量生产的大直径碲锌镉多晶合成技术至关重要。

预防合成裂管的关键是在较低的温度下让合成反应较彻底地进行，并及时释放大量的反应潜热。通过采用双层坩埚结构，可避免在合成过程中出现裂管甚至炸管现象；通过工艺创新，可使部分原材料首先在高温区反应，再逐步推进到低温区。通过控制同时参与反应的原材料，可极大限度地降低炸管概率，基本消除裂管和炸管现象。该工艺已经用于碲锌镉单晶衬底批量生产，获得了满足要求的 3in、4in 多晶晶锭，通过后续工艺制备出不同尺寸规格的碲锌镉单晶衬底。3in $Cd_{0.96}Zn_{0.04}Te$ 合成实例的温度变化曲线图如图 2-17 所示。

2）碲锌镉单晶生长工艺

碲锌镉晶体生长具有温度高、热导率低、组分分凝因数大、缺陷形成能低等特殊的物理化学性质，难以获得类似 Si 单晶一样的完美晶体，尤其随着直径的增大，固-液界面形状更加难以控制，同时材料内部很容易出现第二相夹杂、孪晶、层错、小角晶界等各种缺陷。

材料制备工艺的设计主要从坩埚选择、高温操作安全、避免杂质扩散，以及低缺陷密度的生长技术等方面进行考虑。从工艺上讲，最佳工艺参数的选择必须组合不同温场参数和传动速度参数，而不同生长阶段采用的工艺参数组合都决定着单晶成品率的高低。通过采用坩埚内壁镀碳、选用 PBN 坩埚等，可以避免高温下的杂质扩散，降低位错缺陷密度。通过一系列工艺优化与迭代，合理设计长晶温场，组合选用合适的传动速度，以及分步原位退火，可获得高质量、大尺寸的碲锌镉衬底材料。

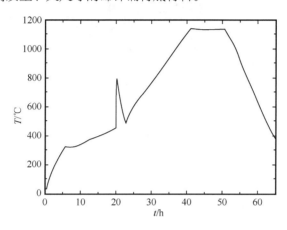

图 2-17   3in Cd$_{0.96}$Zn$_{0.04}$Te 合成实例的温度变化曲线图

图 2-18（a）所示为采用该工艺获得的 3in 和 4in 的碲锌镉晶锭。批量获得了面积为 20×30mm^2、30×40mm^2、40×50mm^2 等不同规格的衬底晶片，其中，90%以上的晶片表面腐蚀坑密度（EPD）小于 5×10^{4}cm^{-2}，如图 2-18（b）所示；双晶半峰宽（FWHM）为 20～30arcsec，如图 2-18（c）所示。

3）碲锌镉材料退火工艺

第二相夹杂的存在一方面影响晶体结构完整性，而且对于 HgCdTe 外延生长，晶体表面的夹杂物还可能延伸到外延层中，严重的还会影响外延薄膜的质量；另一方面，在背照射的红外焦平面阵列中，第二相夹杂能够对入射的红外光散射产生消光，尺寸较大的第二相夹杂物甚至因在局部范围内吸收红外光而影响光敏元对目标信号的探测，这些不利因素最终使得红外焦平面阵列上的光敏元失效而产生盲元。为解决该问题，通过材料热处理来减小沉淀相缺陷尺寸，进而降低衬底表面缺陷密度，是一种有效技术手段。通常有两类热处理方法，即生长过程中的晶锭原位热处理和晶片气氛热处理。其中，晶锭原位热处理是在晶体生长完成后，通过设定退火温度和时间，在特定恒温区域内进行长时间热处理。晶片气氛热处理是将测试后需要热处理的晶片按材料特性进行分类，在富镉或富碲气氛下进行热处理。

（a）3in和4in晶锭

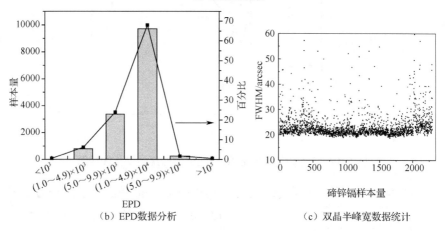

（b）EPD数据分析

（c）双晶半峰宽数据统计

图 2-18　碲锌镉晶锭及相关统计图

图 2-19 展示了在富镉气氛下对晶片进行退火热处理前后的对比图,证明该方法可以有效减小夹杂物缺陷尺寸，甚至使其完全消除，且对晶片其他性能无影响。

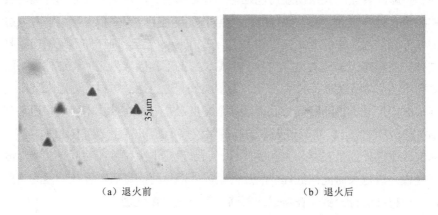

（a）退火前　　　　　　　　　　　　（b）退火后

图 2-19　在富镉气氛下对晶片进行退火热处理的效果

2.2　超晶格红外敏感材料

2.2.1　超晶格技术的发展历程

1970 年，美国 IBM 实验室的 Esaki 和 Tsu 在研究微波器件的工作中提出了超晶格概念[44]，超晶格作为一种人工晶体材料开始进入人们的视野。他们设想的超晶格材料由两种晶格匹配良好的半导体材料周期性堆叠而成；当两种材料的厚度足够薄时，电子沿生长方向的波函数将产生交叠，从而展现区别于体材料的物理特性。1972 年，用于微波器件制作的 GaAs/AlGaAs 超晶格材料通过分子束外延（Molecular Beam Epitaxy，MBE）技术得以实现[45]。1977 年，IBM 实验室的 Halasz 基于理论计算，首次提出了 $In_{1-x}Ga_xAs/GaSb_{1-x}Asx$ 超晶格概念[46]，这被认为是超晶格红外探测器研制工作的起点。1987 年，美国洛斯阿拉莫斯国家实验室的 Smith 等人[47]在研究 $InAs/Ga_xIn_{1-x}Sb$ 超晶格时发现，通过调节超晶格周期结构中组元厚度和组分可以使超晶格材料覆盖很宽的波长范围，从而提出了 $InAs/Ga_xIn_{1-x}Sb$ 超晶格可用于红外探测的观点。1996 年，美国加利福尼亚大学的 Johnson 等人[48]采用 MBE 技术在 GaSb 衬底上生长了双异质结的 $InAs/Ga_xIn_{1-x}Sb$ 超晶格材料，并成功制备出长波单元器件。1997 年，德国弗朗霍夫研究所（IAF）的 Fuchs 等人[49]成功制作出第一个高性能 $InAs/GaxIn_{1-x}Sb$ 超晶格制冷红外焦平面探测器，报道了 8μm 截止波长的制冷红外焦平面探测器在 77K 条件下的探测率超过 $10^{12}cm·Hz^{1/2}·W^{-1}$。2004 年，德国 AIM 公司的 Cabanski 等人[50]在国际上首次报道了 256×256 阵列规格的中波制冷红外焦平面探测器，其像元中心距为 40μm，焦平面关键性能指标 NETD 低于 10mK。

尽管超晶格制冷红外焦平面探测器取得了理论和实验上的成功，但其应用推广仍然存在不少问题。从制冷红外焦平面探测器性能指标要求上看，超晶格制冷红外焦平面探测器应具备良好的信噪比，即具有较高的量子效率和较低的暗电流密度。然而，超晶格材料的量子效率受材料结构设计、周期结构厚度和掺杂浓度等因素的影响极大，而暗电流密度与材料生长缺陷及器件钝化工艺密切相关。因此，超晶格材料的性能与成熟的碲镉汞材料相比，仍存在较大差距。为解决这些难题，人们围绕超晶格的量子效率提升和暗电流抑制开展了大量的工作，主要分为三个方面[51-54]：①设计新型材料结构，提高超晶格材料吸收系数、增大电子有效质量、调制材料电子输运等；②优化分子束外延工艺，以制备高质量超晶格材料；③开发超晶格材料侧壁钝化工艺，降低材料表面漏电。

能带结构可灵活设计是超晶格材料最显著的特征之一。在超晶格技术发展过程中，有几种重要的材料设计结构对推动超晶格材料技术发展起到了关键作用。2006 年，美国海军实验室的 Vurgaftman 等人[55]提出了基于 W 形超晶格的梯度带隙结构，通过将 pn 结耗尽层设计为梯度结构，使器件因隧穿机制和产生-复合机制产生的暗电流受到极大的抑制。同年，美国兰彻斯特大学的 Maimon 等人[56]提出了 nBn 结构的制冷红外焦平面探测器，该结构通过引入势垒结构设计使载流子形成单极输运，可以从根本上抑制产生-复合电流和表面漏电，使器件在背景限制温度下工作。nBn 结构去掉了 pn 结，为超晶格红外材料开发提供了一种新的设计思路。2007 年，美国西北大学量子器件中心（CQD）的 Nguyen 等人[57]提出了由 AlSb、GaSb、InAs、GaSb、AlSb 构成的 M 形超晶格材料，与标准的二类超晶格材料结构相比，该结构具有更大的电子有效质量和价带间隔，可降低 pn 结耗尽层的扩散电流和隧穿电流。从已有的文献报道来看[58]，CQD 基于 M 形结构设计的 PΠMN 长波超晶格材料展现了极好的器件性能，创造了多个指标纪录。2009 年，美国喷气动力实验室（JPL）的 Ting 等人[59]提出补偿势垒制冷红外焦平面探测器（CBIRD）结构，该结构在 InAs/GaSb 吸收层两端分别插入阻挡电子和阻挡空穴的单极势垒层，制备的 CBIRD 长波超晶格材料具有较好的器件性能；JPL 通过对 CBIRD 结构不断优化，系统研究了该结构的增益和噪声等特性。2011 年，以色列 SCD 公司的 Klipstein 等人[60]提出了 XBn 结构的制冷红外焦平面探测器。其中，X 指器件接触层，可以是金属，也可以是半导体材料，这是其区别于 nBn 结构之处。通过在敏感材料中插入势垒层，抑制产生-复合电流，XBn 结构可使器件的暗电流极低，从而使器件工作温度提升。基于 XBn 结构制作的中波制冷红外焦平面探测器的工作温度可达到 150K 以上。

表 2-6 列出了超晶格基础研究发展历程中的一些重要工作，其中很多研究奠定了超晶格材料的理论和应用基础，为超晶格材料设计和器件制备提供了方法和启发。

表 2-6 超晶格基础研究发展历程中的一些重要工作

年份	重要研究工作	参考文献
1977	Halasz 等人首次提出 $In_{1-x}Ga_xAs/GaSb_{1-x}As_x$ 体系超晶格概念	[46]
1987	Smith 等人首次提出 $InAs/Ga_xIn_{1-x}Sb$ 超晶格应用于红外探测	[47]
1996	Johnson 等人首次在试验中验证了 $InAs/Ga_xIn_{1-x}Sb$ 超晶格制冷红外焦平面探测器	[48]

续表

年份	重要研究工作	参考文献
1997	Fuchs 等人验证了第一个高性能 InAs/Ga$_x$In$_{1-x}$Sb 超晶格制冷红外焦平面探测器	[49]
2004	Cabanski 等人报道了第一款中波制冷红外焦平面探测器	[50]
2006	Vurgaftman 等人提出 W 形梯度带隙结构，并用于长波超晶格设计	[55]
2006	Maimon 等人提出 nBn 结构探测器，并用于超晶格结构设计	[56]
2007	Nguyen 等人提出 M 形超晶格结构，并设计了 PⅡMN 长波结构	[57]
2009	Ting 等人提出了补偿势垒制冷红外焦平面探测器（CBIRD）结构	[59]
2011	Klipstein 等人提出 XBn 结构势垒型制冷红外焦平面探测器，并应用于高温中波器件	[60]

随着超晶格材料技术和芯片加工技术不断取得突破，基于超晶格材料的制冷红外焦平面探测器的研制工作也逐步开展。基于超晶格材料的制冷红外焦平面探测器，已经覆盖了中波、长波、中中波双色和中长双色制冷红外焦平面探测器。

2011 年，美国 DARPA 机构组织 Intelligent Epitaxy、IQE Inc. HRL Laboratory、BAE Systems、Raytheon Vision Systems（RVS）、Teledyne Imaging Scientific、FLIR Systems 等行业顶尖机构启动关键制冷红外焦平面探测器技术加速（VISTA）计划，推动了二类超晶格技术飞速发展[61]。RVS 公司作为 VISTA 计划的重要参与厂商，拥有完整的超晶格制冷红外焦平面探测器产品线。该公司在 2017 年实现了 4in 高温中波超晶格制冷红外焦平面探测器批量生产，并陆续报道了 1280×720/12μm 中波或双色、2K×2K/10μm 高温中波和 4K×4K/10μm 高温中波等规格的超晶格制冷红外焦平面探测器，所有探测器的截止波长都超过 5μm。其中，2K×2K/10μm 高温中波制冷红外焦平面探测器在 120K 下的有效像元率为 99.9%。2018 年，RVS 公司中标 Lockheed Martin 公司 F-35 战机分布孔径系统升级项目，标志着该公司超晶格制冷红外焦平面探测器技术成熟度已经达到批量应用级别。

在产品制造与应用领域，全球最大的制冷红外焦平面探测器产品供应商以色列 SCD 公司将产品技术路线由传统的锑化铟全面转向二类超晶格。2013—2015 年，SCD 公司先后推出了阵列规格为 640×512/15μm 的高温中波产品 Kinglet 和阵列规格为 1280×1024/15μm 的高温中波产品 Hercules[62,63]，标志着该公司基于超晶格技术的高温中波制冷红外焦平面探测器产品已经成熟。2016 年，该公司又推出了阵列规格为 640×512/15μm 的超晶格长波制冷红外焦平面探测器产品 Pelican-D LW[64]，进一步完善了在超晶格产品领域的布局。在技术创新方面，该公司发明的 XBN 结构超晶格材料结合其先进的芯片制造工艺在高温中波制冷红外焦平面探测器产品应用中大放异彩，不断刷新制冷红外焦平面探测器技术的新纪录；2017 年，推出阵列规模为 1280×1024/10μm、名为 Blackbird1280 的高温中波制冷红外焦平面探测器[65]；2019 年，推出名为 CRANE 的高温中波制冷红外焦平面探测器，刷新了两项新纪录，成为目前市面上阵列规格最大（2560×2048）、像元间距最小（5μm）的中波制冷红外焦平面探测器[66]。

2.2.2　超晶格的原理与特点

超晶格由两种或两种以上半导体材料的周期性结构组成。构成其周期性结构单元的薄层通常在纳米级，相邻量子阱之间的耦合增强，超晶格材料能带结构发生分裂，形成"微带"，进而导致其电子结构和光电性质发生转变。通过改变超晶格周期结构中各层的厚度和组分，即可实现对超晶格材料能带结构的调节。根据超晶格周期结构中两种半导体材料的能带排列，超晶格材料可分为一类、二类和三类。InAs 与 GaSb 因能带结构呈错列排布，是一种典型的二类超晶格。对 InAs/GaSb 二类超晶格材料体系而言，可通过设计 InAs 与 GaSb 层的厚度实现对超晶格材料禁带宽度的调制，使其对应的响应波长范围覆盖 3～30μm，即实现对整个中红外和远红外波辐射信号的探测。

基于 InAs/GaSb 材料体系的二类超晶格制冷红外焦平面探测器的主要特点如下。

（1）响应波长范围可调：通过改变 InAs 和 GaSb 层的厚度，可实现超晶格响应波长在 3～30μm 范围内可调，可满足中波、长波、甚长波制冷红外焦平面探测的需求。

（2）器件暗电流低：通过调节超晶格能带结构，可实现材料能带中的轻重空穴分离，从而抑制俄歇复合。相比于碲镉汞材料，超晶格的电子有效质量更大，可以有效降低隧穿电流。因此，超晶格材料具有较低的暗电流。

（3）器件量子效率高：相比于量子阱红外探测器，超晶格制冷红外焦平面探测器对垂直入射光有强烈的吸收作用，具有较高的量子效率。

（4）易于实现多色器件制备：基于分子束外延技术实现超晶格材料的多层异质结器件结构的生长，从而实现多色制冷红外焦平面探测器的制备。

（5）均匀性好：超晶格材料的带隙是通过各层厚度而非组分调控的，其截止波长更易控制，因此通过分子束外延技术生长的超晶格材料具有极佳的均匀性，易于实现大面积红外焦平面阵列制备。

InAs/GaSb 二类超晶格材料因具有上述诸多优点而成为第三代制冷红外焦平面探测器的优选材料，即可用于研制大面阵、高性能、高分辨、低功耗和低成本的中波、长波、甚长波、双色及多色制冷红外焦平面探测器。超晶格制冷红外焦平面探测器与碲镉汞、锑化铟、量子阱和量子点制冷红外焦平面探测器的特征对比见表 2-7。

表 2-7　不同类型的制冷红外焦平面探测器的特征对比

特　　征	探测器类型				
	碲镉汞（MCT）	锑化铟（InSb）	量子阱（QWIP）	量子点（QDIP）	超晶格（T2SL）
正入射吸收	是	是	否	是	是
工作温度	高	低	低	高	高
波段可调	是	否	是	是	是
有高量子效率	是	是	否	否	是
有高响应率和探测率	是	是	否	否	是
可多色工作	是	否	是	是	是
均匀性高	否	是	是	否	是

2.2.3　超晶格材料设计

1. 能带计算方法

超晶格材料中各个能级的位置、波函数和色散曲线决定了超晶格材料的基本物理特性，这需要对超晶格的能带结构进行模拟计算。然而，基于构成超晶格原胞的结构复杂，各层的厚度极薄，且存在界面应力、原子互换等因素，精确计算超晶格的能带是一项极具挑战的任务。常见的超晶格能带计算方法有 k·p 微扰法、经验赝式法（Empirical Pseudopotential Method，EPM）、经验紧束缚模型计算法（Empirical Tight-Binding Method，ETBM）等。

k·p 微扰法的理论结合了经典的包络函数近似，可成功预测组元层较厚的量子阱和一类超晶格材料的光学和电学性能，但很难精确描述超薄层超晶格材料的电子结构[67]，因为这种方法忽略了布里渊区的 X-态和 L-态，高估了厚度小于 3nm 的超晶格材料 Γ 点的能量。对价态而言，这种方法不能准确预测能量和子带的分散程度。

EPM 计算基于如下关键假设[68]：①因表面电荷重新分布，超晶格的每一层都仍保持类体材料特征；②共格畸变效应被纳入超晶格层；③在平面波的计算中，采用体倒易空间矢量中心的一组倒易晶格点替代了采用一个超晶格的布洛赫波函数。其目的是使电子波函数在原子核附近表现得更为平滑，而在一定范围外又能正确反映真实波函数的特征。因此，EPM 在精度不降低的前提下减少了自由度的数量，可精确预测超晶格的子带能量。

ETBM 假设跨类原子轨道的受限希伯特空间足够描述薛定谔方程波函数的解（至少在受限的能量范围内）。非正交的原子轨道给 ETBM 应用造成了一些困难。ETBM 采用了具有自旋向上和自旋向下两个态的朗道 sp3s*轨道作为基本轨道。为了模拟真实的 InAs/GaSb 超晶格，ETBM 计算考虑了超晶格生长阶段 InAs 层内 Sb 偏析的情形。ETBM 计算结果被证实与多个 InAs/GaSb 超晶格测量数据的一致性较好[69]。

尽管 EPM 和 ETBM 的计算结果精度较高，但其对经验参数的依赖程度较高。在实际的材料设计和计算中，普适性较好的计算方法应用需求巨大。基于第一性原理的密度泛函理论（Density Functional Theory，DFT）曾被认为可以用于超晶格能带的计算，以获得精细的能带结构。然而，这种方法因计算量巨大而被放弃。2021 年，武汉高德红外公司与华中科技大学联合开展了一种基于第一性原理的 Shell DFT-1/2 算法研究，该算法被证实可用于 InAs/GaSb 超晶格能带计算。在与局域密度近似（Local Density Approximation，LDA）或广义梯度近似（General Gradient Approximation，GGA）持平的计算复杂度下，带隙计算精度超过 HSE06 杂化泛函，但计算量仅为 HSE06 的百分之一到千分之一量级，为超晶格红外探测材料的理论设计开拓了全新的方法。图 2-20 所示为采用该算法计算的 14ML InAs/7ML GaSb 超晶格能带色散曲线，计算禁带宽度为 0.11708eV，对应截止波长为 10.6μm，该结果与公开报道的截止波长为 10μm 的测量结果非常接近。

2．材料结构设计

通过超晶格能带计算得出超晶格材料的能带结构参数后，根据制冷红外焦平面探测器的性能指标需求，可以灵活选择超晶格周期结构、厚度、掺杂等参数，以匹配器件的需求，这个过程即所谓的"能带裁剪"或"能带工程"。通常而言，设计超晶格材料结构需要考虑以下几个方面。

（1）调制器件响应截止波长：InAs/GaSb 超晶格材料通过改变 InAs 层和 GaSb 层的厚度即可实现对器件响应波长的控制。

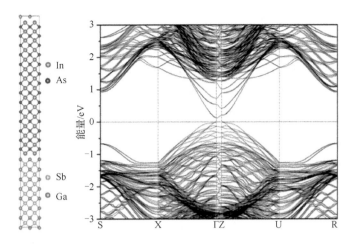

图 2-20　采用 Shell DFT-1/2 算法计算的 14ML InAs/7ML GaSb 超晶格能带色散曲线

（2）抑制器件体暗电流：在长波或甚长波范围内，InAs/GaSb 超晶格材料的暗电流以产生-复合暗电流为主。为了降低暗电流，可在传统 pIn 结构中引入势垒层，结合掺杂调制，使 pn 结的耗尽层分布在宽禁带势垒层中，以减小产生复合电流对总暗电流的贡献，如典型的 pΠMn 结构、CBIRD 结构、nBn 结构、pBΠBn 结构、pMp 结构。

（3）提高器件量子效率：在超晶格材料设计中，可通过增加吸收层厚度、掺杂调制和增强波函数交叠几种方法提高器件量子效率。然而，需要指出的是，在引入势垒层后，超晶格吸收层与势垒层之间形成的导带偏移和价带偏移直接影响载流子的输运。若吸收层与势垒层之间的导带偏移形成势垒，将会阻挡光生电子的输运，需通过增加外部偏压才能增强光电子的输运，但增加偏压也可能使器件的暗电流也提高，使器件的信噪比下降。

（4）考虑超晶格界面的设计方式：InAs/GaSb 超晶格材料中因 InAs 与 GaSb 之间存在 0.7%的晶格失配，限制了外延结构的临界厚度，随着外延层厚度增加，会发生晶格弛豫，使材料质量变差。因此，需要在超晶格周期结构设计中引入界面层，以平衡应力。同时，在超晶格能带计算时，需考虑界面因素，以修正能带计算结果。

（5）材料内部电场分布：完整的器件结构中，可能存在吸收层、接触层、势垒层、缓冲层、隔离层、停刻层等，每个功能层的掺杂类型和掺杂浓度对电场的分布都有影响，进而影响材料中载流子的输运特性。同时，需要特别指出，材料的背景掺杂浓度对电场分布模拟的准确性影响巨大，通常需要结合试验结果进行假设，以便进行异常分析。

2.2.4 超晶格材料生长

用于红外焦平面芯片研制的超晶格材料由多达数百甚至上千的周期性结构组成，随着半导体材料外延技术的不断突破，这导致其制备技术难度极大。各种精密的外延设备不断商用化，使得超晶格这类结构复杂的材料的制备成为可能。目前，最主流的超晶格材料生长技术是分子束外延（Molecular Beam Epitaxy，简称 MBE）。

1. 分子束外延（MBE）

MBE 是通过一个或多个分子（原子）束在加热衬底上相互作用的外延生长技术，主要由样品架、分子束源炉、快门、真空系统、控温系统和机械传输系统组成。MBE 系统结构示意图如图 2-21。其主要技术特点如下。

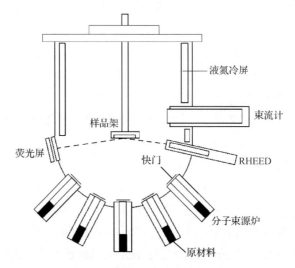

图 2-21 MBE 系统结构示意图

（1）超高真空的反应腔环境：系统腔体的背景真空通常低于 10^{-9}Pa，可减少分子束在蒸发过程中受到杂质原子的散射，而获得极低的背景杂质浓度。

（2）较低的外延生长温度：外延生长远离热平衡条件，是一个动力学过程，可减少不同材料的互扩散，使超晶格材料获得陡峭的界面。

（3）精确的束流控制：典型的热蒸发源可以实现单分子层精度的速率控制，实现超晶格周期性结构中超薄层材料的生长。

（4）快速的快门切换：快门的切换时间是毫秒级的，可实现超晶格多层结构生长厚度的精准控制。

（5）灵活的原位掺杂：通过给 MBE 系统配置掺杂源炉，可实现超晶格材料原位掺杂，而无须后续扩散或离子注入工艺。

（6）原位监测技术：在 MBE 系统中加入反射高能电子衍射仪（RHEED）、椭圆偏振仪等设备，可实现外延过程中对材料进行原位分析，便于机理研究。

2. 超晶格材料制备工艺

首先，通过能带设计保证超晶格制冷红外焦平面探测器的工作原理可行。其次，重点关注设计完成的超晶格材料的制备工艺，即如何实现超晶格结构的外延生长。下面以在 GaSb（100）衬底上生长 InAs/GaSb 二类超晶格材料为例，阐述超晶格材料的外延生长工艺。采用 MBE 技术生长 InAs/GaSb 超晶格材料工艺的流程简要描述如下。

1）GaSb 衬底预处理

尽管商用 GaSb 衬底已经逐步成熟，但不同供应商提供的材料具有较大差异，尤其是表面处理工艺，其对外延层生长质量有重大影响。为了便于后续衬底表面脱氧，一种保守的策略是对 GaSb 衬底进行预先化学处理，通常采用盐酸溶液对其表面进行酸洗，有条件的可以对其表面进行化学机械抛光（CMP）处理。衬底处理完毕后，将其置于 MBE 真空预处理室进行除气，以去除衬底吸附的空气和水分。

2）GaSb 衬底脱氧

GaSb 衬底脱氧是正式进行外延生长前的准备，脱氧不彻底会使材料表面形成很多点缺陷。GaSb 衬底的脱氧方式可分为热脱氧、氢等离子体辅助脱氧、原子氢辅助脱氧和镓原子闪烁辅助脱氧几种方式，其中，热脱氧方式是最简单直接的方式。热脱氧过程是在锑束流保护下进行的，通过将 GaSb 衬底升温至脱氧点（通常高于 520℃）以上，使 GaSb 衬底表面的氧化物分解，露出新鲜的表面。脱氧成功的标志是通过 RHEED 可以观察到 GaSb 衬底表面的再构信息。

3）GaSb 缓冲层生长

通常而言，GaSb 衬底脱氧后表面粗糙度较大，不利于直接进行二维模式外延生长。生长缓冲层可使衬底表面平坦化，使粗糙度得到大幅改善。一般而言，缓冲层生长温度较超晶格生长温度要高，主要为了使 Ga 原子获得足够的迁移率，使衬底表面变得更为平坦。在生长过程中，需要有足够的 Sb 作为保护束流。Sb 保护束流不足时，GaSb 缓冲层表面可能会形成大量的金字塔形缺陷。

4）超晶格层生长

缓冲层生长完毕后，通常需要对衬底进行降温，以符合超晶格层的生长工艺要求。超晶格层生长的主要控制参数包括生长温度、V/Ⅲ束流比、界面生长方式等。

3. 超晶格材料制备的工艺参数控制

在超晶格材料制备过程中，工艺参数的精细控制是保证外延层质量的关键。基于 MBE 技术的超晶格外延工艺，需不断优化的控制环节包括生长温度、V/Ⅲ束流比、界面生长方式等。

1）生长温度

生长温度即衬底表面的温度。在外延生长过程中，原子在加热衬底表面的迁移、吸附、反应和脱附与外延生长温度直接相关。生长温度偏低时，表面Ⅲ族元素的附着能力强，但迁移速度低，容易凝聚成团，形成缺陷；生长温度偏高时，表面Ⅲ族元素迁移速度增强，加速V族元素的脱附，从而需要有更大的 V/Ⅲ 比进行保护，不利于界面质量的控制。在 InAs/GaSb 超晶格材料生长的过程中，InAs 层与 GaSb 层之间存在 InSb 和 GaAs 界面，为了平衡超晶格材料内部的应力，在设计材料结构时，会主动引入界面层。因此，InAs/GaSb 超晶格材料生长需要兼顾 InAs、GaSb、InSb 和 GaAs 四种材料的生长质量。表 2-8 列举了这四种材料的最优生长温度。不难看出，四种材料的最优生长温度差异较大，需对比选择较优的温度值。

表 2-8　InAs、GaSb、InSb 和 GaAs 材料的最优生长温度

材　　料	最优生长温度/℃
InAs	480
GaSb	510
InSb	380
GaAs	560

值得注意的是，在 MBE 系统中，准确测量衬底真实温度非常重要。通常，可以通过热电偶直接读出样品托附近的温度，但热电偶距离衬底的距离通常为 2cm 左右，其读数并非衬底表面温度。另外，衬底加热器对衬底加热的方式是通过辐射背部传热，因此衬底表面的真实温度可能与热电偶读数相去甚远，部分系统中的此类差异高达 100℃。因此，可以在 MBE 系统中配置高温计，利用衬底表面的热辐射直接测量衬底的表面温度。然而，这种高温

计受窗口透过率、内表面材料镀层的影响较大。在实际工作中，利用 RHEED 观察衬底表面的再构信息来标定衬底表面温度是一种较好的方法。例如，GaAs 衬底在脱氧过程中（2×4）向（4×2）再构转变，GaSb 衬底在脱氧过程中（1×3）向（2×5）再构转变[70]。然而，这种方法需要对生长过程中使用的束流进行标定，不同生长束流对再构转变点的影响较大。

2）V/Ⅲ束流比

在单层体材料生长时，生长温度提供原子迁移所需能量，V/Ⅲ束流比通常较大，以提供足够的保护，使外延层维持化学计量比。与生长体材料生长方式不同的是，超晶格材料每个单层的生长结束后，腔体残余背景都对下一层化学计量比的影响极大，进而影响界面的化学计量比。另外，当超晶格材料生长温度较低时，V/Ⅲ束流比过大可能导致外延层表面V族元素过剩，使界面质量变差。因此，选择合适的V/Ⅲ束流比需要兼顾生长所需束流保护和每层生长结束后对下一层结果的影响。图 2-22 所示为 InAs/GaSb 超晶格材料生长过程中，V/Ⅲ束流比不合适导致的富铟现象。

$L_1 = 4.68\mu m$　$D_1 = 4.57\mu m$

图 2-22　InAs/GaSb 超晶格材料的富铟现象

3）界面生长方式

InAs/GaSb 超晶格材料界面生长方式对材料质量的影响至关重要。由于 InAs 和 GaSb 之间没有共同原子，二者之间形成的界面存在原子互混，如发生 As 原子和 Sb 原子交换。InAs/GaSb 超晶格材料的界面可以按生长顺序分为两类，一类是在 GaSb 上生长 InAs 形成的界面，称为 InAs-on-GaSb（简称 IF1）界面；另一类是在 InAs 上生长 GaSb 形成的界面，称为 GaSb-on-InAs（简称 IF2）界面。根据文献报道[71]，InAs 和 GaSb 之间的突变界面处会形成"类 GaAs"界面或"类 InSb"界面，具体取决于生长结束层的类型，即 IF1 或 IF2 界面。

考虑 InAs/GaSb 超晶格通常在 GaSb（100）衬底上生长，界面处的应变状态对于"类 GaAs"界面是拉应力，而对于"类 InSb"界面是压应力。F.Fuchs 等人研究了界面键合对 SL 结构特性的影响，并发现形成"类 InSb"界面的超晶格具有更好的晶体质量。因此，在超晶格材料生长界面设计时，应尽可能促使 IF1 和 IF2 界面形成"类 InSb"界面。然而，InSb 层的不稳定性和界面互混导致 InSb 层的生长具有挑战性，特别是在插入的 InSb 厚度超过 1.0ML 时。

迁移增强外延（MEE）法最早由日本科学家 Horikoshi 等人[72]提出。该方法是在外延生长过程中，使Ⅲ族元素和Ⅴ族元素分别先后开启，而非传统的同时开启。在没有阴离子的情况下，阳离子的迁移长度更长，可以促进超晶格材料维持二维生长模式。在通常情况下，采用 MEE 法生长 InAs/GaSb 超晶格材料界面时，IF1 和 IF2 界面的设计方式是对称的，如图 2-23（a）所示，即在 IF1 界面处采用首先 Sb 浸润，然后 In 浸润的方式；在 IF2 界面处，采用首先 In 浸润，然后 Sb 浸润的方式。这种方式对于生长中波超晶格材料是可行的。例如，生长 8ML InAs/8ML GaSb 超晶格材料，理论上补偿 0.8ML 的 InSb 层即可维持超晶格材料的应力平衡。采用对称方式生长 InSb 层，两边各自生长 0.4ML 的 InSb 层即可满足要求。然而，在生长长波材料结构时，如生长 14ML InAs/7ML GaSb 超晶格材料时，这种对称的结构设计不易生长出高质量的超晶格材料。理论上，该结构需要补偿 1.4ML 的 InSb。此时，虽然两边各生长 0.7ML 的 InSb 仍然小于 1.0ML 的临界厚度，但由于连续生长 InAs 层的时间较长，腔体内的背景 As 压较高，IF2 界面处生长的 InSb 中含有一定量的 As，即实际成分为 $InAs_xSb_{1-x}$，而 $InAs_xSb_{1-x}$ 中 As 含量越高，则需要引入更多 InSb 层来平衡应变。因此，通过改变 IF2 界面的生长方式可以改善这种情况。如图 2-23（b）所示，在 IF2 界面处，先引入一段生长暂停，再进行 Sb 浸润，然后采用 MEE 法。此类做法的优势在于，生长暂停可以给 MBE 真空时间降低系统的背景 As 压，减少 GaSb 和 InSb 中的 As 掺杂；先引入的 Sb 浸润可以在衬底表面优先形成一层 Sb 层，增强在与 In 结合过程中 Sb 原子相比于 As 原子的竞争力，从而降低 $InAs_xSb_{1-x}$ 中的 As 含量，提高 InSb 层的应力补偿作用[73]。

4. 超晶格材料的缺陷

超晶格材料漏电主要包括扩散电流、产生-复合电流、带-带隧穿电流和缺陷辅助隧穿电流四种。在温度一定时，产生-复合电流是暗电流最主要的成分，其与材料缺陷密度相关。外延层缺陷密度也直接影响焦平面器件的有效像元率。因此，在整个材料制备过程中，需对材料缺陷的来源和产生原因进行分析，并加以控制。

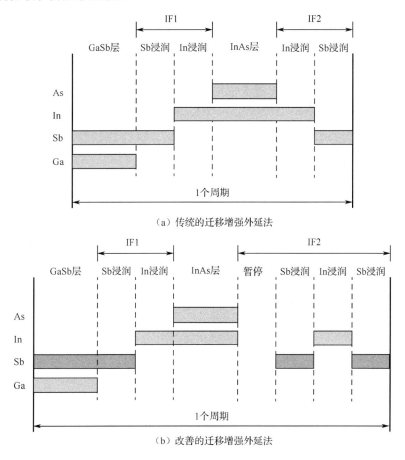

图 2-23　快门序列示意图

超晶格材料的缺陷可以分为以下几种。

（1）与衬底相关的缺陷：衬底缺陷的来源主要包含两个方面，一是单晶生长缺陷，如衬底的位错、孪晶线、晶界等，与衬底单晶制备工艺相关；二是晶圆加工缺陷，如表面夹杂颗粒、划伤等，与衬底切割、研磨和抛光工艺相关。通常，衬底的位错密度因尺寸极小，且需要通过位错腐蚀剂腐蚀后显现，因此只能判定大致的范围。目前，商用 GaSb 衬底的缺陷密度可以控制在 $10^3 cm^{-2}$ 量级。衬底的加工缺陷则与加工工艺过程的控制直接相关，如清洗方式、抛光磨料、抛光布料等。这类缺陷的尺寸一般较大，在 $10\mu m$ 量级，缺陷密度可以控制在几十个每平方厘米的水平。

（2）与束源材料相关的缺陷：MBE 工艺所需的原材料通常为高纯材料。高纯材料在超洁净室内制备，本身不会引入大量污染。然而，在实际使用过程中，高纯材料的包装方式、储存方式、存放时间都会影响材料表面的状态，如氧化、沾染有机物等。另外，在装入原材料的过程中，实验室温/湿度、颗粒度也会对原材料产生一定影响。通常在原材料装入后对其进行高温除气，除气温度通常高于工艺使用温度。

（3）与反应腔相关的缺陷：在 MBE 反应腔内，随着外延生长工艺不断进行，腔壁上会形成一层较厚的镀层。然而，这些镀层在腔壁各个位置的成分是不同的，且附着力有差异，发生脱落的概率极大。若脱落的碎片掉进束源炉坩埚，就会随束流蒸发至外延层表面，形成缺陷。在理想情况下，可以定期对 MBE 反应腔内壁的镀层进行清理。然而，从设备风险和维护时间成本的角度考量，不推荐这种做法，因为清理腔壁内附着物需要将反应腔打开，会破坏设备原有的超高真空环境，且清理完毕后设备真空恢复时间长。对于研究级设备，至少需要两周的恢复时间；对于批量生产级设备，至少需要一个月的时间恢复。此外，在维护过程中，需要对设备腔体进行必要的烘烤，该工艺会加速腔体内仪器仪表的损坏。因此，通常在 MBE 设备原材料耗尽后，在更换原材料的过程中对腔体进行适当的清理，但这种方式并不彻底。在实际操作过程中，可以通过在腔体内壁沉积一些Ⅲ族金属材料，增强内壁材料的附着力；同时，在正式外延生长前，对坩埚内的材料进行高温除气，尽可能将漂浮在原材料表面的材料蒸发掉。

（4）与工艺条件相关的缺陷：与工艺条件相关的缺陷来源主要包括晶格弛豫、V/Ⅲ束流比不当和液滴喷溅等。其中，晶格弛豫主要与 InAs 和 GaSb 之间应力不平衡、界面弛豫、超晶格外延层与衬底之间应力不平衡相关；V/Ⅲ束流比控制不当主要体现在 V 族元素不足导致Ⅲ族元素析出，或 V 族元素过剩并引起化学计量比失衡等；液滴喷溅主要是由Ⅲ族束源炉材料引起，如 Ga 和 In 在生长过程中可能喷溅较大的液滴到衬底表面，Ⅲ族元素来不及迁移，从而形成圆形或椭圆形缺陷。因晶格弛豫和 V/Ⅲ束流比不当导致的缺陷密度通常高达 $10^6 cm^{-2}$ 以上，而尺寸通常在 $1\mu m$ 以下；而因液滴喷溅形成的缺陷密度通常在 $10^2 \sim 10^3 cm^{-2}$ 量级，但其尺寸通常在几微米甚至 $10\mu m$ 以上。通过优化 MBE 工艺条件，超晶格材料的缺陷密度可控制在 $500 cm^{-2}$ 以下。

需要指出的是，缺陷的尺寸同样值得关注。对红外焦平面阵列而言，随着像元尺寸越做越小，尺寸过大的缺陷容易导致坏簇的形成，进而影响成像质量。因此，缺陷密度控制到较低水平后，如何减小缺陷尺寸是值得深入研究的问题。

2.2.5 锑化镓衬底材料

1. 锑化镓衬底材料概述

锑化镓（GaSb）材料的晶格常数能很好地与其他 III - V 族合金及三元、四元化合物匹配。在半导体技术中，由于 6.1Å 材料（InAs、GaSb、AlSb）系列在异质结构设计中极具灵活性，使得 GaSb 衬底材料在量子级激光器件、红外器件中的潜在应用极具吸引力，因此 GaSb 是一种公认的锑化物超晶格外延材料优选衬底[74,75]。然而，GaSb 单晶衬底中的缺陷及晶片加工水平是决定量子器件性能的影响因素之一，在锑化物超晶格材料外延应用中，衬底材料需要具备低缺陷密度、高晶体质量及高平整度的衬底表面[76-78]。

国外对 GaSb 单晶的制备工艺研究起步较早。1983 年，住友电气公司研制出当时世界上规格最大的 GaSb 单晶，这种单晶锭的直径可达 35~50mm，其位错密度小于 1000cm^{-2}。之后，美国西北大学空气推进实验室、德国 Fraunhofer 固态电子研究所、英国 IQE 公司等机构都开展了相关研究。目前，以 IQE 公司为代表的 GaSb 晶片生产商已实现 3in GaSb 单晶的工业化生产，并逐步向 6in 发展（见图 2-24）。其主要技术路线是采用液封直拉法（Liguid Encapsulation Czochralski，LEC）生长 GaSb 单晶，位错密度小于 1000cm^{-2}，能够实现 n 型、p 型掺杂工艺，其抛光片的表面粗糙度能够达到 0.5nm，GaSb 单晶生长与晶片加工技术已经非常成熟[79-81]。

（a）LEC 生长 2~6in GaSb 单晶

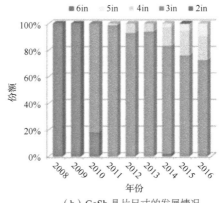

（b）GaSb 晶片尺寸的发展情况

图 2-24　IQE 公司的 GaSb 研制历程

我国在 20 世纪 90 年代初期已经开展了对 GaSb 材料单晶生长的研究工作。虽然我国开展 GaSb 单晶制备的工艺研究较早，但发展较慢。1991 年，中国科学院长春物理研究所首次报道了使用水平布里奇曼法生长 25cm 直径、位错密度小于 $10cm^{-2}$ 的 GaSb 单晶，分析了晶体生长界面的形状控制技术、孪晶的产生原因与位错密度的控制技术[82]。1992 年，中国科学院物理研究所与日本东京大学合作研究，结果显示，在微重力环境下，GaSb 熔体内不存在热对流现象，且 GaSb 熔体与坩埚内壁未接触，所制得的 GaSb 单晶无一类生长条纹，位错密度接近零，该项研究为微重力环境下的 GaSb 单晶生长工艺探索打下了良好基础[83]。2016 年，中国电子科技集团公司第四十六研究所报道，采用垂直布里奇曼法（Vertical Bridgman，VB）生长 2in 高质量 GaSb 单晶，具有较低的位错密度，EPD≤500cm^{-2}；同时，对晶体进行 XRD 摇摆曲线测试，其 FWHM 值为 27arcsec，表明晶体质量较高。此外，对晶体进行了电学性能测试，结果显示制备的 GaSb 晶体呈 p 型导电，晶体迁移率为 $610cm^2 \cdot V^{-1} \cdot s^{-1}$，载流子浓度达到了 $1.68 \times 10^{17} cm^{-3}$[84]。2017 年，中国科学院半导体研究所报道，采用 LEC 方法生长了 4in GaSb 单晶，大部分区域的位错腐蚀坑密度小于 500cm^{-2}，其双晶衍射峰的半峰宽为 29arcsec，表明晶片衬底的完整性相当好[85]。

另外，在 GaSb 加工方面，与Ⅲ-Ⅴ族半导体材料砷化镓和磷化铟相比，GaSb 晶片表面化学性质活泼，极易被氧化并形成纳米级厚度的氧化层。由于锑氧化物的钝化作用会产生极其有限的溶解性，对 GaSb 产生化学作用相当困难，同时由于 GaSb 晶片硬度小、质地脆，易产生划痕，导致加工高质量、大直径 GaSb 晶片非常困难。另外，GaSb 晶片钝化稳定性、均匀性难以控制，后期较难实现原子级平整度缓冲层的外延生长。

2. 锑化镓单晶生长技术

在 GaSb 单晶生长过程中，Sb 元素易离解挥发，将导致熔体内 Ga:Sb 化学计量比失衡，从而产生位错缺陷，甚至畸变为多晶。因此，在 GaSb 单晶生长过程中，经常采用在熔体表面覆盖一层液态覆盖剂的方法来封闭熔体，控制熔体中 Sb 元素的离解挥发。其中，NaCl-KCl 混盐体系和 B_2O_3 体系常常作为 GaSb 单晶生长的液封剂。

在 GaSb 的晶体生长过程中，热应力对位错的产生和增殖起重要作用。根据理论分析，生长过程中的热应力为[86]

$$\sigma = \alpha_T EL \partial(2T)/\partial(2z) \approx \alpha_T E \delta T_{max} \qquad (2-4)$$

式中，σ 是热应力；α_T 是晶体的热膨胀系数，对于 GaSb 单晶，α_T=7.75×10^{-6}℃$^{-1}$；E 是 GaSb 的杨氏模量，E=4.322×10^{10}Pa；L 是特征长度（可以近似为 GaSb 晶体的直径）；T 是温度；z 是提拉生长方向的轴向；T_{max} 是等温线与线性形状（光滑平坦）的最大容许偏差。

由式（2-5）可以看出，温度梯度越大，热应力越大，当热应力超过晶格滑移的临界剪切应力 α_{CRSS} 时，晶体中就会产生位错。

这可以说明，温度梯度越大，产生的热应力越大，越容易超过晶格滑移的临界剪应力而产生位错。GaSb 采用 VB 生长时，温度梯度一般为 6～15℃·cm^{-1}，采用 VGF 生长的温度梯度一般为 3～4℃·cm^{-1}，远低于采用 LEC 法时的温度梯度（50～100℃·cm^{-1}）。通过上述方法生长 GaSb 单晶时产生的热应力远低于 LEC 法。由于晶体生长过程中的温度梯度大，因此用 LEC 法生长的晶体往往位错密度高，一般在 10^3～10^{4}cm^{-2} 数量级，双晶半峰宽也较大，一般为 25arcsec 左右。

目前，有效控制缺陷密度的方法，以采用垂直布里奇曼法生长 GaSb 单晶为例，其基本原理如图 2-25 所示。将晶体生长所用原料装入容器［通常为坩埚（Crucible）或安瓿（Ampoule），以下统称坩埚］，然后将坩埚置于晶体生长炉中。晶体生长炉的炉膛一般分为三个温度区间，即加热区、梯度区和冷却区。加热区温度高于晶体熔点，冷却区温度低于晶体熔点。加热区温度逐渐过渡到冷却区温度，在炉膛内部形成一定的温度梯度。坩埚位于晶体生长炉的加热区，按照一定速率从加热区经过梯度区到冷却区在这个过程中，坩埚中的熔体发生定向冷却，开始结晶，随着坩埚的连续运动实现晶体生长。

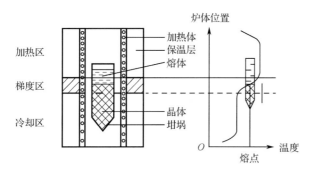

图 2-25　垂直布里奇曼法晶体生长基本原理示意图

整个生长工艺采用（100）籽晶定向，通过合理地优化晶体生长温场，设计较小的生长温度梯度减小晶体生长过程中的热应力，使晶体生长速率得到有效控制，可重复获得低缺陷密度（典型 EPD<100cm^{-2}）、高质量（典型双晶半峰宽 FWHM<16arcsec）的 GaSb 单晶，如图 2-26 所示。

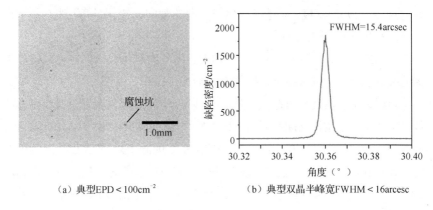

（a）典型EPD < 100cm^{-2} 　　　　　　（b）典型双晶半峰宽FWHM < 16arcesc

图 2-26　采用垂直布里奇曼法生长高质量 GaSb 单晶

3. 锑化镓晶片加工技术

高质量衬底材料是制备分子束外延高质量 InAs/GaSb 二类超晶格材料的前提。高质量衬底材料需要具备低缺陷密度、高晶格完整性、原子级平整度的外延缓冲层。其中，原子级平整的外延缓冲层对 GaSb 衬底的表面质量提出了极高要求，有赖于加工、腐蚀和抛光技术的提高与优化[87]。

得益于化学反应和机械研磨的协同作用，机械化学抛光（CMP）可以通过精确的操作在原子水平上有效地去除材料，已成为半导体晶圆加工中重要的步骤。

CMP 工艺原理示意图如图 2-27 所示。在 CMP 工艺中，抛光垫与抛光液配合的好坏对抛光质量起着决定性作用。抛光垫表面有大量的纤维和微孔，在 CMP 工艺过程中，这些微孔可将抛光液和磨料运输到晶片表面，决定着抛光液是否和晶片表面充分接触，从而影响抛光质量。另外，抛光垫还起到带动磨料与晶片表面摩擦的作用。抛光垫的合理选择对晶片起雾、划痕和平坦化性能具有很大影响。抛光液、游离的磨料在抛光过程中需要抛光垫具备较好的弹性、合适的孔径、较好的保水性。三者的协同配合是获得最佳抛光效果的重要保证。

在抛光垫与晶片接触时，CMP 的抛光速率（单位时间内的去除率）可由 Perston 方程得到，即

$$R = K_p V(F/A) \tag{2-5}$$

式中，F/A 为作用在单位面积上的力；V 为晶片与抛光垫的相对速率；K_p 是

与摩擦相关的多参数函数，如抛光垫弹性性质、抛光垫与晶片的接触面积等。

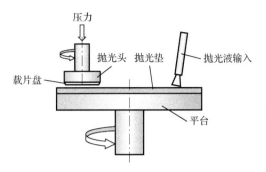

图 2-27　CMP 工艺原理示意图

GaSb 加工工艺主要采用含 50nm 粒径 SiO_2 磨料的抛光液，对机械双面磨削后的 GaSb 单晶片进行 CMP，主要通过调整抛光液浓度，并结合抛光垫的抛光效果，在抛光液中添加 pH 值缓冲剂对抛光效果进行进一步优化，最终获得优质的 GaSb 抛光表面。如图 2-28 所示，GaSb 晶片抛光后，原子力显微镜（AFM）（扫描范围为 $10\mu m \times 10\mu m$）检测结果显示，表面粗糙度仅为 0.0854nm，且表面无划痕[88]。

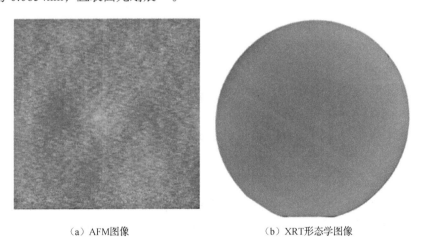

（a）AFM图像　　　　　　　　（b）XRT形态学图像

图 2-28　GaSb 晶片抛光表面

为了进一步验证 GaSb 晶片的质量是否满足器件端应用要求，将 Epi-Ready GaSb 晶片用于通过 MBE 进行缓冲层外延生长。图 2-29 所示为 GaSb 缓冲层的 AFM 图像和 HRXRD 摇摆曲线。在图 2-29（a）中，可以在

晶片 $10\times10\mu m$ 的扫描区域内观察到表面粗糙度为 0.159nm 的原子级光滑表面，显示出有良好控制的二维生长。在图 2-29（b）中，GaSb 晶片的 FWHM 为 14.2arcsec，进一步表明 GaSb 晶片的结晶质量很高。因此，该 GaSb 加工工艺可以满足 MBE 的要求。

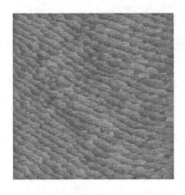

（a）GaSb缓冲层的AFM图像

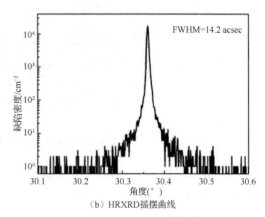

（b）HRXRD摇摆曲线

图 2-29

参考文献

[1] LAWSON D, NIELSEN S, PUTLEY E H, et al. Preparation and properties of HgTe and mixed crystals of HgTe-CdTe [J]. Journal of Physics and Chemistry of Solids, 1959(9): 325-329.

[2] VERIE C, GRANGER R. Propriétés de junctions p-n d´alliages Cd$_x$Hg$_{1-x}$Te [J]. Comptes Rendus del´ Académie des Sciences, 1965(261): 3349-3352.

[3] THOM R. High density infrared detector array [P]. US04039833A, 1977-08-2.

[4] WANG C C, SHIN S H, CHU M, et al. Liquid phase growth of HgCdTe epitaxial layers [J]. Journal of The Electrochemical Society, 1980(127): 175.

[5] BOWERS J E, SCHMIT J L, Speerschneider C J, et al. Comparison of Hg$_{0.6}$Cd$_{0.4}$Te LPE layer growth from Te-, Hg-, and HgTe-rich solutions [J]. IEEE Trans. Electron Devices ED, 1980(27): 24.

[6] IRVINE S J C, MULLIN J B. The growth by MOVPE and characterisation of Cd$_x$Hg$_{1-x}$Te [J]. Journal of Crystal Growth, 1981(55): 107.

[7] FAURIE J P, MILLION A. Molecular beam epitaxy of Ⅴ-Ⅵ compounds: Cd$_x$Hg$_{1-x}$Te [J]. Journal of Crystal Growth, 1981(54): 582 .

[8] WILSON J A, PATTEN E A, et al. Integrated two-color detection for advanced FPA applications [C]. SPIE, 1994: 117.

[9] RAJAVEL R D, JAMBA D M, JENSEN J E, et al. Molecular beam epitaxial growth and performance of HgCdTe-based simulaneous-mode two-color detectors[J]. Journal of Electronic Materials, 1988, 6(27): 747-751.

[10] BAI Y, BAJAJ J, BELETIC J W, et al. Teledyne imaging sensors: silicon CMOS imaging technologies for X-ray, UV, visible and near infrared [C]. SPIE, 2008: 702102.

[11] BRICE J C, CAPPER P. Properties of mercury cadmium telluride. 资料来源：INSPEC 数据库，1987.

[12] CAPPER P. Properties of narrow gap cadmium-based compounds [M]. New York: John Wiley & Sons Inc., 2010.

[13] SU C H. Heat capacity, enthalpy of mixing and thermal conductivity of $Hg_{1-x}Cd_xTe$ pseudobinary melts [J]. Journal. Crystal Growth, 1986(78): 51-57.

[14] HANSEN G L, SCHMIT J L. Calculation of intrinsic cartier concentration in $Hg_{1-x}Cd_xTe$ [J]. Journal of Applied Physics, 1983(54): 1639-1640.

[15] CAPORALETTI, GRAHAM G M. The low-temperature thermal expansion of $Hg_{1-x}Cd_xTe$ alloys [J]. Applied Physics Letters, 1981(39): 338-339.

[16] 俞谦荣，杨建荣，黄根生，等. p 型碲镉汞液相外延材料 Ag 掺杂的研究[J]. 红外与毫米波学报，2002, 21(2): 91-94.

[17] MOLLARD L, DESTEFANIS G, ROTHMAN J, et al. HgCdTe FPAs made by Arsenic-ion implantation [C]. SPIE, 2008: 69400F.

[18] SOUZA D, STAPELBROEK M G, BRYAN E R. Au- and Cu-doped HgCdTe HDVIP detectors [C]. SPIE, 2004: 205.

[19] PATTEN E A, GOETZ P M, VILELA M F, et al. High-performance MWIR/LWIR dual-band 640×480 HgCdTe/Si FPAs [J]. Journal of Electronic Material, 2010, 39(10): 2215-2219.

[20] BORNIOL E D, BAYLET J, ZANATTA J P, et al. Dual-band infrared HgCdTe focal plane array [C]. SPIE, 2003: 491.

[21] DESTEFANIS G, BAYLET J, BALLET P, et al. Status of HgCdTe bicolor and dual-band infrared focal arrays at LETI [J]. Journal of Electronic Materials, 2007, 36(8): 1031-1044.

[22] 孔金臣, 等. 昆明物理研究所分子束外延碲镉汞薄膜技术进展[J].人工晶体学报，2020, 49(12): 2221-2229.

[23] REINE M B, TOBIN S P, NORTON P W, et al. Very long wavelength (>15 μm) HgCdTe photodiodes by liquid phase epitaxy [C]. SPIE, 2004: 54.

[24] YANN R, LAURENT R, CEDRIC V, et al. MCT(HgCdTe) IR detectors: latest developments in France [C]. SPIE, 2010: 78340M.

[25] TOBIN S P, SMITH F T J, NORTON P W. The Relationship between lattice matching and crosshatch in liquid phase epitaxy HgCdTe on CdZnTe substrates[J]. Journal of Electronic Materials, 1995, 24(9): 1189-1199.

[26] BENSON J D, VARESI J B, STOLTZ A J, et al. Surface structure of (111)A HgCdTe [J]. Journal of Electronic Materials, 2006, 35(6): 1434-1442.

[27] RHIGER D R, SEN S, GORDON E E. Strain relief in epitaxial HgCdTe by growth on a reticulated substrate [J]. Journal of Electronic Materials, 2000, 29(6): 669-675.

[28] MARTINKA M, ALMEIDA L A, BENSON J D, et al. Suppression of strain-induced cross-hatch on molecular beam epitaxy (211)B HgCdTe [J]. Journal of Electronic Materials, 2002, 31(7): 732-737.

[29] 杨建荣. 碲镉汞材料物理与技术[M]. 北京：国防工业出版社，2012.

[30] SEN S, KONKEL W H, TIGHE S J, et al. Crystal-growth of large-area single-crystal CdTe and CdZnTe by the computer-controlled vertical modified-bridgman process[J]. Journal of Crystal Growth, 1988(86): 111-117.

[31] CHEUVART P, ELHANANI U, SCHNEIDER D, et al. CdTe and CdZnTe crystal-growth by horizontal bridgman technique[J]. Journal of Crystal Growth, 1990(101):270-274.

[32] DOTY F P, BUTLER J F, SCHETZINA J F, et al. Properties of CdZnTe Crystals grown by a high-pressure bridgman method[J]. Journal of Vacuum Science & Technology B, 1992(10): 1418-1422.

[33] GLASS H L, SOCHA A J, BAKKEN D W, et al. Control of defects and impurities in production of CdZnTe crystals by the bridgman method[J]. Infrared Applications of Semiconductors Ii, 1998(484): 335-340.

[34] CAPPER P, HARRIS J E, OKEEFE E, et al. Bridgman growth and assessment of CdTe and CdZnTe using the accelerated crucible rotation

technique[J]. Materials Science and Engineering: B, Solid State Materials for Advanced Technology, 1993(16): 29-39.

[35] SHETTY R, ARD C K, WALLACE J P. Application of eddy current technique to vertical bridgman growth of CdZnTe[J]. Journal of Electronic Materials, 1996(25): 1134-1138.

[36] AZOULAY M, FELDSTEIN H, GAFNI G, et al. CdZnTe Single-crystals grown by the vertical gradient freeze (VGF) technique with Homogeneous Zn Distribution[J]. Journal of Crystal Growth, 1991:B103-B10.

[37] PANDY A. Global modeling of bulk crystal growth of cadmium zinc telluride in industrial VB-VGF system [D]. Twin Cites: University of Minnesota, 2004.

[38] 方维政. CdZnTe 晶体的生长、评价及衬底应用[D]. 上海：上海技术物理研究所，2004.

[39] JOHNSON S M, DELYON T J, COCKRUM C A, et al. Direct growth of CdZnTe/Si Substrates for large-area HgCdTe infrared focal-plane arrays [J]. Journal of Electronic Materials, 1995(24): 467-73.

[40] AGUIRRE M, CANEPA H, HEREDIA E, et al. Photovoltaic $Hg_{1-x}Cd_xTe$ (MCT) detectors for infrared radiation[J]. An Asoc Quim Argent 1996(84): 67-72.

[41] DHAR V, GARG A K, BHAN R K. Impact of CdTe/CdZnTe substrate resistivity on performance degradation of long-wavelength n(+)-on-p HgCdTe infrared photodiodes[C]. IEEE Trans Electron Devices 2000(47): 978-86.

[42] BUTLER J F, DOTY F P, LINGREN C. Recent developments in CdZnTe gamma-ray detector technology[J]. Gamma-Ray Detectors, 1992(1734): 131-9.

[43] DOTY F P, FRIESENHAHN S J, BUTLER J F, et al. X-ray and gamma-ray imaging with monolithic CdZnTe detector arrays[J]. Space Astronomical Telescopes and Instruments Ii, 1993(1945): 145-51.

[44] ESAKI L, TSU R. Superlattice and negative differential conductivity in semiconductors [J]. IBM Journal of Research and Development, 1970(14): 61.

[45] CHANG L L, ESAKL L, HOWARD W E, et al. Structures grown by molecular beam epitaxy [J]. Journal of Vacuum Science & Technology, 1973(10): 655.

[46] SAI-HALASZ G A, TSUT R, ESAKI L. A new semiconductor superlattice [J]. Applied Physics Letters, 1977, 30(12):15.

[47] SMITH D L, MAILHIOT C. Proposal for strained type-II superlattice infrared detectors [J]. Journal of Applied Physics, 1987, 62(6): 15.

[48] JOHNSON J L, SAMOSKA L A, et al. Electrical and optical properties of infrared photodiodes using the InAs/Ga$_{1-x}$In$_x$Sb superlattice in heterojunctions with GaSb [J]. Journal of Applied Physics, 1996, 80(2): 1116-1127.

[49] FUCHS F, WEIMER U, PLETSCHEN W, et al. High performance InAs/Ga$_{1-x}$In$_x$Sb superlattice infrared photodiodes [J]. Applied Physics Letters, 1997, 71(22): 3251-3253.

[50] CABANSKI W A, EBERHARDT K, RODE W, et al. Third-generation focal plane array IR detection modules and applications [C]. SPIE, 2004: 184.

[51] BROWN G J. Type-II InAs/GaInSb Superlattices for Infrared Detection: an Overview [C]. SPIE, 2005: 65.

[52] ROGALSKI, MARTYNIUK P. InAs/GaInSb superlattices as a promising material system for third generation infrared detectors [J]. Infrared Physics & Technology, 2006(48): 39-52.

[53] MARTYNIUK P, KOPYTKO M, ROGALSKI A. Barrier infrared detectors [J]. Opto-electronics Review, 2014, 22(2): 127-146.

[54] ROGALSKI, MARTYNIUK P, KOPYTKO M. InAs/GaSb type-II superlattice infrared detectors: future prospect [J]. Applied Physics Reviews, 2017(4): 31304.

[55] VURGAFTMAN, AIFER E H, CANEDY C L, et al. Graded band gap for dark-current suppression in long-wave infrared W-structured type-II superlattice photodiodes [J]. Applied Physics Letters, 2006, 89(12): 121114-1-121113-3.

[56] MAIMON S, WICKS G W. nBn detector, an infrared detector with reduced dark current and higher operating temperature [J]. Applied Physics Letters, 2006(89): 151109.

[57] NGUYEN B M, HOFFMAN D, DELAUNAY P Y, et al. Dark current suppression in type-II InAs/GaSb superlattice long wavelength infrared photodiodes with M-structure barrier [J]. Applied Physics Letters, 2007, 91(16): 163511- 163513.

[58] NGUYEN B M, HOFFMAN D, HUANG E K. Background limited long wavelength infrared type-Ⅱ InAs/GaSb superlattice photodiodes operating at 110 K [J]. Applied Physics Letters, 2008(93): 123502.

[59] TING Z Y, HILL C J, SOIBEL A, et al. A high-performance long wavelength superlattice complementary barrier infrared detector [J]. Applied Physics Letters, 2009(95): 023508.

[60] KLIPSTEIN P, KLIN O, GROSSMAN S, et al. XBn barrier photodetectors based on InAsSb with high operating temperatures [J]. Optical Engineering, 2011, 50(6): 061002.

[61] ROGALSKI. Next decade in infrared detectors [C]. SPIE, 2018: 104330L.

[62] KLIPSTEIN P C, GROSS Y, ARONOV D, et al. Low SWaP^3 MWIR detector based on XBn focal plane array [C]. SPIE, 2013: 87041S.

[63] KARNI Y, AVNON E, EZRA M B, et al. Large format 15μm pitch XBn detector [C]. SPIE, 2014: 90701F.

[64] KLIPSTEIN P C, AVNON E, AZULAI D, et al. Type-Ⅱ superlattice technology for LWIR detectors [C]. SPIE, 2016: 98190T.

[65] GERSHON G, AVNON E, BRUMER M, et al. 10μm pitch family of InSb and XBn detectors for MWIR imaging [C]. SPIE, 2017: 101771I.

[66] SHKEDY L, ARMON E, AVNON E, et al. Hot MWIR detector with 5μm pitch [C]. SPIE, 2021: 117410W.

[67] SMITH D L, MAILHIOT. Theory of semiconductor superlattice electronic structure [J]. Reviews of Modern Physics,1990(62): 173–234.

[68] DENTE G C, TILTON M L. Pseudopotential methods for superlattices: Applications to mid-infrared semiconductor lasers [J]. Journal of Applied Physics, 1990(86): 1420-1429.

[69] WEI Y, RAZEGHI M. Modeling of type-Ⅱ InAs/GaSb superlattices using an empirical tight-binding method and interface engineering [J]. Physical Review B, 2004(69): 085316-1–085316-7.

[70] BRACKER S, YANG M J, BENNETT B R, et al. Surface reconstruction phase diagrams for InAs, AlSb, and GaSb [J]. Journal of Crystal Growth, 2000 (220): 384-392.

[71] KASPIA R, STEINSHNIDERB J, WEIMERB M, et al. Control of the InAs-on-GaSb interface [J]. Journal of Crystal Growth, 2011(225): 544-549.

[72] YAMAGUCHI H, KAWASHIMA M, HORIKOSHI Y. Migration-enhanced epitaxy [J]. Applied Surface Science, 1988, 33(34): 406-412.

[73] LIU Y F, ZHANG C J, WANG X B, et al. Interface investigation of InAs/GaSb type-Ⅱ superlattice for long wavelength infrared photodetectors [J]. Infrared Physics & Technology, 2021(113): 103573.

[74] ROGALSKI A, ANTOSZEWSKI J, FARAONE L. Third-generation infrared photo detector arrays[J]. Journal of Applied Physics, 2009 (105): 091101.

[75] DUTTA P S, BHAT H L, Kumar V. The physics and technology of Gallium antimonide—an emerging optoelectronic material[J]. Journal of Applied Physics, 1997, 81 (9): 5821-5870.

[76] MARTINEZ R, AMIRHAGHI S, SMITH B, et al.Large diameter "ultra-flat" epitaxy ready GaSb substrates: requirements for MBE grown advanced infrared detectors [C]. SPIE, 2012: 393-402.

[77] ALLEN L P, FLINT J P, MESHEW G, et al. Dallas, Surface chemistry improvement of 100nm GaSb for advanced space based applications [C]. SPIE, 2012: 264-271.

[78] LIU A W K, LUBYSHEV D, QIU Y, et al. MBE growth of Sb-based bulk nBn infrared photodetector structures on 6-inch GaSb substrates[C]. SPIE, 2015: 190-198.

[79] ALLEN L P, FLINT J P, MESCHEW G, et al. 100mm diameter GaSb substrates with extended IR wavelength for advanced space-based applications [C]. SPIE, 2011: 401-410.

[80] ALLEN L P, FLINT J P, MESHEW G, et al. Manufacturing of 100 mm diameter GaSb substrates for advanced space based applications [C].SPIE, 2012: 248-255.

[81] FURLONG M J, MARTINEZ B, TYBJERG M, et al. Growth and characterization of ≥ 6″ epitaxy-ready GaSb substrates for use in large area infrared imaging applications[C].SPIE, 2015: 182-189.

[82] 吴光恒, 黄锡珉, 富淑清, 等. 水平法低位错 GaSb 单晶生长[J].人工晶体学报, 1991(1): 1~7.

[83] 葛培文, 西永颂, 李超荣, 等. GaSb 单晶空间生长[J]. 中国科学（A 辑）, 2001(1): 56~62.

[84] 练小正, 李璐杰, 张志鹏, 等. 大尺寸高质量 GaSb 单晶研究[J]. 人工

晶体学报，2016(45): 901-905.

[85] 杨俊，段满龙，卢伟，等，低位错密度 4 inch GaSb (100)单晶生长及高质量衬底制备[J]. 人工晶体学报，2017(46): 820-824.

[86] RUDOLPH P, JURISCH M. Crystal Growth Technology[M]. New York: John Wiley & Sons, Ltd., 1994: 300.

[87] LIU Z Y, HAWKINS B, KUECH T F. Chemical and structural characterization of GaSb(100) surfaces treated by HCl-based solutions and annealed in vacuum[J]. Journal of Vacuum Science & Technology B, Microelectronics and nanometer structures: processing, measurement, and phenomena: an official journal of the American Vacuum Society, 2003, 21(1):71-77.

[88] YAN B, LIANG H Y, LIU Y F, et al. Chemical mechanical polishing of GaSb wafers for significantly improved surface quality [J]. Journal of Materials Chemistry, 2021(8):773131.

第 3 章　制冷红外焦平面探测器芯片技术

前述章节介绍了制冷红外焦平面探测器是由红外焦平面芯片、金属封装杜瓦和微型制冷机组成的。由于红焦平面芯片起着将光信号转变为电信号的关键作用，其性能直接决定了制冷红外焦平面探测器的探测能力，因此红外焦平面芯片是制冷红外焦平面探测器非常重要的一部分，其技术发展水平直接影响制冷红外焦平面探测器技术的发展水平。

一般而言，红外焦平面芯片是由红外焦平面阵列和读出电路两部分通过倒装焊互连集成的。红外焦平面阵列将红外辐射转换为光生载流子（包括空穴和电子），读出电路收集光生载流子，并将其处理成可识别的电信号。

本章将从红外焦平面芯片设计、红外焦平面阵列制备技术、红外焦平面芯片集成技术等几个方面展开介绍。

3.1　红外焦平面芯片概述

3.1.1　发展历程

基于其在国家安全、军用装备、国民经济中的重要作用，制冷红外焦平面探测器已经成为国家的战略性技术，发达国家对其研制投入了大量经费和人力。伴随着科学技术的不断进步，制冷红外焦平面探测器技术的发展和尖端武器装备的更新换代从未停止。

制冷红外焦平面探测器的发展始于 19 世纪，至今已有近百年。随着相关技术的进步，制冷红外焦平面探测器的光敏器件经历了从单元到线列，再到红外焦平面阵列的演变过程，其发展大体上可以分为以下三个阶段。

（1）第一阶段：单元型光敏器件，以及在 20 世纪 60 年代末出现的线列型光敏器件。这类器件主要应用于第一代制冷红外焦平面探测器，工作时需要配备复杂的光学扫描机构进行逐行扫描成像。

（2）第二阶段：随着光刻技术的进步，出现了像元数明显增加的第二代制冷红外焦平面探测器器件，并具备了凝视成像的能力。20 世纪末，欧美发达国家在航天遥感、武器装备等领域实现了其产业化应用，并在实战中显示出巨大的威力。在 2010 年前后，我国也初步具备了第二代制冷红外焦平面探测器应用于航天遥感、武器装备等领域的能力。

（3）第三阶段：随着半导体材料、芯片技术的不断进步，自 2000 年以来，国际上开始研究第三代制冷红外焦平面探测器。2010 年左右，业内提出了小尺寸、轻质量、低能耗、低价格、高性能的概念（SWaP^3）。相应地，红外探测器步入了以大规格、小型化、双色/多色化（two/multi-color）、智能化和高温工作（High Operation Temperature，HOT）等为技术特征的时代。图 3-1 展示了近几十年红外焦平面芯片向大规模和小型化方向发展的历程。

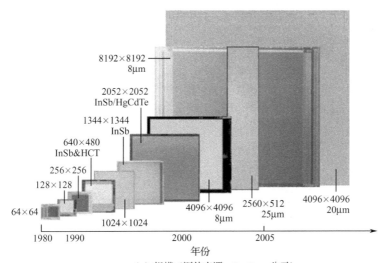

（a）规模（图片来源：Raytheon公司）

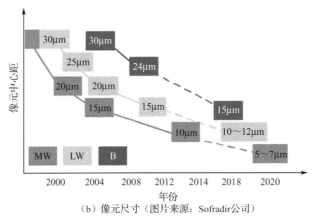

（b）像元尺寸（图片来源：Sofradir公司）

图 3-1　红外焦平面芯片在规模和像元尺寸方面的发展

3.1.2 结构与原理

红外焦平面芯片工作于红外光学系统焦平面上，可使整个视场内景物的每个像元都与一个敏感元相对应，属于多像元平面阵列的红外探测器件。

红外焦平面芯片的结构如图 3-2 所示。其中，红外焦平面阵列与读出电路两端均排列有相互独立的像元结构，这些像元结构通过金属一一对应互连，形成所谓的像元。

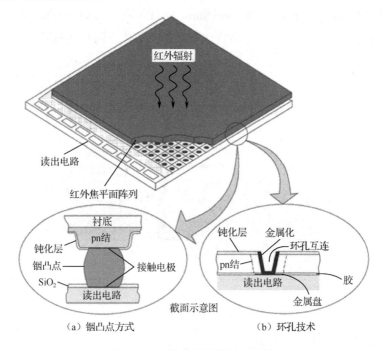

图 3-2 红外焦平面芯片的结构

红外焦平面阵列是由敏感材料经过半导体工艺加工制备的，具有将入射光转换成光生载流子（电子-空穴对）的功能。读出电路则是以硅基技术制备的集成电路，可收集光生载流子，并将其处理为电信号，然后输出至信息处理系统后形成热图像。二者通过金属结构完成电学互连，目前，国际上大多采用铟凸点实现这种电学互连也有其他方式，如美国 DRS 公司采用的环孔技术（见图 3-2）。

此外，红外焦平面芯片在工作时，红外辐射是从红外焦平面阵列背面入射的（背入射式），且由于常温下器件的噪声过大，无法形成有效的红外光探测，所以需要配备制冷机（器）将其降到较低温度才能正常工作。

3.2　红外焦平面芯片设计

3.2.1　红外焦平面阵列性能

与多数光电探测器一样，制冷红外焦平面探测器的性能提升主要通过提升信噪比来实现。

根据国家标准《GB/T 17444—2013　红外焦平面阵列参数测试方法》，红外焦平面的信号为两个均匀黑体辐射面产生的信号之差。其中，充当背景的黑体辐射面的温度为 293K，充当信号源的黑体辐射面的温度为 308K，以前者的信号噪声为器件噪声，二者的比值即为信噪比。

下面以黑体辐射、器件工作原理和量子效率几个方面为基础，从噪声机制方面来介绍信噪比的提升。

1. 黑体辐射

所有物体都会以电磁波的形式辐射能量，普朗克给出了不同温度下理想黑体的辐射光子数随波长分布的黑体辐射公式，由此可以在理论上计算出特定波长处，特定温度的黑体辐射出的光子通量为

$$I(\lambda,T) = \frac{2hc^2}{\lambda^5} \cdot \frac{1}{e^{hc/(\lambda\kappa T)}-1} \tag{3-1}$$

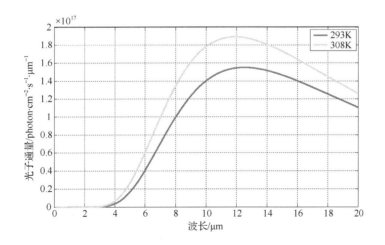

图 3-3　理想黑体的辐射光子数随波长分布的情况

实际物体表面的发射率通常为波长的函数，因此辐射光子数随波长的分

布不会与理论曲线完全一致，而是等于理论值与发射率的乘积。表 3-1 所示为几种常见物质的发射率[1]。

表 3-1　几种常见物质的发射率

物 质 名 称	温度/K	发 射 率
钨	500	0.05
	1000	0.11
	2000	0.26
	3000	0.33
	3500	0.35
抛光的银	650	0.03
抛光的铝	300	0.03
	1000	0.07
抛光的铜	—	0.02～0.15
抛光的铁	—	0.2
抛光的黄铜	4～600	0.03
氧化的铁	—	0.8
氧化的铜	500	0.78
氧化的铝	80～500	0.75
水	320	0.94
冰	273	0.96～0.985
纸	—	0.92
玻璃	293	0.94
烟灰	273～373	0.95
实验室用黑体	—	0.98～0.99

2. 器件工作原理

红外敏感材料吸收红外光子，其内部会产生电子-空穴对，如图 3-4 所示。收集光生载流子并处理即可得到电信号。

根据半导体物理的知识，半导体材料内部存在一定浓度的本征载流子，其浓度与材料的禁带宽度和材料自身的温度密切相关。光子的能量 E 和波长 λ 满足

$$E = \frac{1.24\text{eV} \cdot \mu\text{m}}{\lambda \mu\text{m}} \quad （3-2）$$

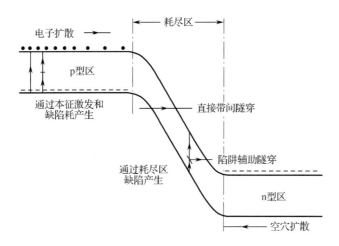

图 3-4　红外器件工作原理[2]

　　探测的光子波长越长，能量越低，所用红外敏感材料的禁带宽度也就越窄，价带电子在温度的作用下更加容易跃迁到导带，形成无效的暗电流。为了抑制这种本征激发，红外焦平面芯片往往需要工作在较低的温度下。

　　红外敏感材料吸收光子产生电子-空穴对，载流子浓度会发生变化，进而影响材料自身的电导。早期的光导型器件就是利用这一原理进行红外辐射探测的。根据不同的工作条件（外加电压、电流偏置情况），光导型器件可以分为恒压模式、恒流模式和恒功率模式，器件整体结构简单，易于制备。光导型器件的结构原理图如图 3-5 所示。

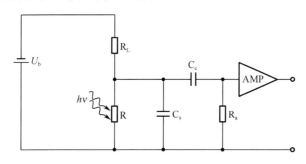

图 3-5　光导型器件的结构原理图

　　随着技术的发展，红外器件也和硅基半导体一样，集成度逐渐提高。利用光电导原理的光导型器件在集成度提升时遇到了难以解决的问题。因为要探测光生载流子浓度变化引起的材料电导变化量，就要求材料自身的载流子浓度（电导）在一定范围内——载流子浓度太高（电导很大），光生载流子浓度的变化就被本征浓度淹没了，难以检测；载流子浓度太低（电导很小），光生载流子很难被收集，也难以检测。因此，光导型器件的暗电流一般较高，往往大于 $1\mu A$，这就导致在集成度增大时，器件的功耗大大增加，严重制约了系统整体的性能。目前，光导型器件以长线列结构为主，鲜有面阵结构的。

光伏型器件解决了光导型器件暗电流大、难以集成的问题。当光导型器件自身电导很低时，光生载流子难以被收集，往往需要加很大的偏置电压，导致暗电流上升。光伏型器件利用了 pn 结的反向特性，虽然有很大的反向阻抗，但是因为内建电场，可以有效地收集材料内部产生的光生载流子，且需要的反向电压很小，器件的功耗可以大大降低。目前，高集成度的制冷红外焦平面红外探测器绝大多数是基于光伏型器件制成的。光伏型器件原理示意图如图 3-6 所示。

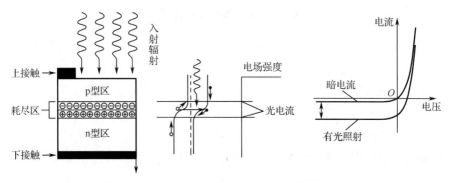

图 3-6　光伏型器件原理示意图[3]

3. 量子效率

材料的量子效率决定了入射光子转化为光生载流子的比例。根据量子力学的相关知识，价带电子吸收光子发生跃迁的概率与跃迁矩阵元在初态和末态的联合态密度下的积分数值相关。

不同波长的光子与电子相互作用时，能够使电子发生跃迁的概率不一样，使得材料的量子效率是波长的函数，如图 3-7 所示。一般而言，量子效率在材料禁带宽度等效波长处最高，此时光子和价带电子之间的相互作用最为强烈。

材料的量子效率除与波长有关外，还受到材料微观原子结构的影响。价带上能够容纳的电子态密度直接决定了量子效率。根据固体物理理论，半导体材料价带上的电子态密度（Density of States，DOS）与晶格重复性相关，有

$$DOS \propto \frac{1}{a^D} \qquad (3\text{-}3)$$

式中，a 为重复晶格的长度周期；D 为重复的维度数。

一般将具有三维晶格周期性的材料称为体材料。体材料是构成红外敏感材料的重要组成部分，常见的体材料有Ⅲ-Ⅴ族（InSb）、Ⅱ-Ⅵ族（HgCdTe）、Ⅳ-Ⅵ族（PbS/PbSe）及Ⅳ族（Si/Ge）等几大类。

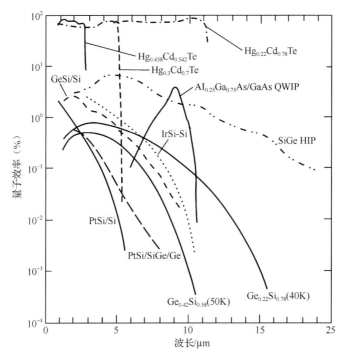

图 3-7　几种红外敏感材料的量子效率随波长变化的曲线[4]

随着能带工程理论和材料生长技术的发展，越来越多的新型材料被引入红外探测领域。相比于传统的体材料，新型材料往往缺失了一个或几个维度的晶格周期性，如二类超晶格/量子阱材料（二维晶格周期性）、量子线材料（一维晶格周期性）、量子点材料（零维晶格周期性）等。几种新型材料的能带结构示意图如图 3-8 所示。这些材料拥有新奇的物理特性，在特定领域得到了广泛的研究和应用。

4．噪声机制

红外焦平面芯片的噪声水平直接影响了器件性能。根据相关噪声理论，红外焦平面芯片的噪声主要由读出电路噪声、热噪声、散粒噪声、1/f 噪声等构成，总噪声的平方与各噪声平方和相等。

1）读出电路噪声

作为收集和处理电信号的部分，读出电路具有固有噪声。读出电路噪声主要源自采样过程中产生的噪声和传输、处理过程中引入的噪声。

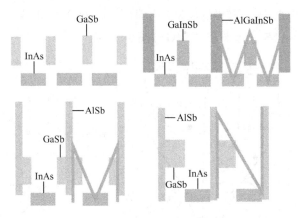

图 3-8　几种新型材料的能带结构示意图[5]

　　根据读出电路的工作原理，信号电子是注入到一个积分电容之后，才被后续电路单元提取并读出的。积分电容完成复位后，积分电容上的电压并不会和复位电压完全相等，而是会有一定的波动，这个波动的量称为复位噪声。如果用电子数来表示噪声水平，则复位噪声可以写成如下形式：

$$N_{\mathrm{kTC}} \cong \left(\frac{kTC_{\mathrm{int}}}{e^2}\right)^{1/2} \tag{3-4}$$

式中，k 为玻耳兹曼常数；T 为温度；C_{int} 为积分电容；e 为电子电荷量。复位噪声又称 kTC 噪声。可以看出，这个噪声是读出电路的固有噪声。

　　不仅仅在采样、复位环节，信号在传输、处理的过程中也会受到噪声的干扰，这些干扰有的来自读出电路中的驱动单元或处理元器件，有些来自传输路径本身。因此，有时为了尽可能减小信号在传输过程中的干扰，可以在电路内部对信号进行数字化处理，将模拟信号转变为数字信号传输。

　　2）热噪声

　　热噪声指的是电流流经电阻时，电阻的阻值和温度引起的电流波动。红外探测器的像元是一个工作在反偏状态的二极管，其反向阻抗非常大（$10^8 \sim 10^{12}\,\Omega$）。信号电流通过二极管时引入的噪声可以表示为

$$i_{\mathrm{Johnson}} = \sqrt{\frac{4kT\Delta f}{R_0}} \tag{3-5}$$

式中，k 为玻耳兹曼常数；T 为温度；R_0 为像元反向阻抗；Δf 为噪声等效带宽，描述的是电学单元能够有效工作的信号频率范围，对于芯片这种信号源，Δf 一般可取 $1/(2t)$，t 为像元积分时间。

3）散粒噪声

到达红外敏感材料的光子数分布符合泊松分布。在有限的积分时间内，经由光子转化而来的载流子数也会出现相应的涨落。根据相关理论，光子数涨落（光子噪声）满足如下关系：

$$N_{shot} = \sqrt{N_{photon}} \qquad (3\text{-}6)$$

式中，N_{photon} 为收集到的总光子数；N_{shot} 为光子噪声数。

除光子产生的散粒噪声外，器件的暗电流也会产生散粒噪声。同理，暗电流形成的散粒噪声也与积分电容收集到的暗电流电子总数相关。

无论是光电流带来的散粒噪声，还是暗电流带来的散粒噪声，在当前的器件噪声理论模型中，其上限都与器件读出电路的电荷处理能力相关，当积分电容收集的电荷量达到最大时，散粒噪声数也达到最大。

4）$1/f$ 噪声

$1/f$ 噪声产生的机理目前还不能解释得很清楚，根据实际经验，这种噪声会随着器件工作频率的上升而减小，所以称之为 $1/f$ 噪声。几种典型的噪声随频率分布的情况如图 3-9 所示。

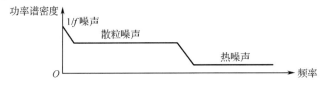

图 3-9　几种典型的噪声随频率分布的情况[6]

目前，对 $1/f$ 噪声形成的原因，主流的解释是器件表面/界面处存在缺陷电荷，造成了电流的波动，这种波动在低频下变得非常明显。实际上，往往也会使用低频噪声谱的方法研究材料能带内部的缺陷能级，低频噪声不明显增大的材料往往被认为缺陷能级密度较低，性能较好。用低频噪声法推算材料内部缺陷能级如图 3-10 所示。

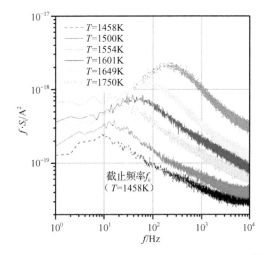

图 3-10　用低频噪声法推算材料内部缺陷能级[7]

5）不同器件的性能限制因素

在描述器件性能时，往往会用"××限"这样的字眼，如"光学限""器件限""背景限"等。此处的"××限"说的就是"××"因素限制了器件性能的进一步提升。上述几种噪声都可能成为器件性能提升的限制因素。

首先，读出电路的固有噪声和器件的散粒噪声直接和读出电路的电荷处理能力相关。不同器件对应的电荷处理能力也不相同，一般来说，电荷处理能力越强，器件的性能越好，所以在不考虑积分时间限制的情况下，总是可以通过提升电荷处理能力来提升器件性能。但是，在实际应用中，在不同波段应用时，器件能够允许的电荷处理能力略有差别。以 15μm 像元尺寸的器件为例，在长波段，电荷处理能力为十几到二十兆电子；在中波段，电荷处理能力往往只有几兆电子；而在短波段，电荷处理能力就只有几十到几百千电子了。

根据实际研制经验，长波器件一般工作在"散粒噪声限"，也就是，说器件光学散粒噪声成为限制器件性能提升的重要因素，这时提高器件的电荷处理能力最容易改善器件性能；中波器件往往工作在"热噪声限"，降低器件温度、增大反向阻抗是改善性能的主要方面；而短波器件无一例外地工作在"电路噪声限"，此时光学背景和器件自身对整体性能的影响远没有读出电路噪声重要，需要在常规电路的基础上增加很多额外的降噪功能，如使用福勒（Fowler）采样或相关双采样（Correlated Double Sampling，CDS）来减小自身的噪声。n 重福勒采样示意图如图 3-11 所示。

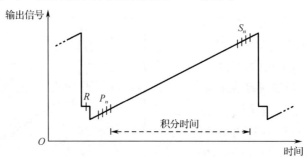

图 3-11　n 重福勒采样示意图[8]

3.2.2　读出电路设计

与敏感材料阵列互连的读出电路主要的功能为收集敏感材料产生的光生载流子，并将其转化为模拟/数字信号，以进行后续的可视化处理。不同的应用条件对读出电路有不同的要求。

1．电路工作原理

下面以最常见的读出电路为例来介绍读出电路的工作原理。

图 3-12 所示为某款读出电路的像单元结构图。其中，VDD、GND 分别代表电源和地；C_{int} 为积分电容；AMP 为信号运算放大器；RST 为复位栅控管；Gpol 为偏置栅控管；Device 为敏感材料组成的像元。

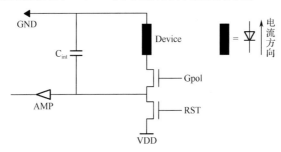

图 3-12　某款读出电路的像元单元结构图

读出电路的结构可能会有不同，但基本上有以下三个工作环节。

1）复位

打开 RST，关闭 Gpol，使 C_{int} 与 VDD 等电势，以清除 C_{int} 上的残余电荷，如图 3-13 所示。

2）积分

打开 Gpol，关闭 RST，Device 中的光生载流子注入到 C_{int} 上，如图 3-14 所示。

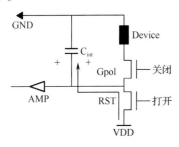

图 3-13　复位示意图

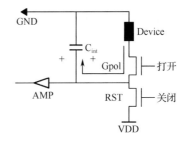

图 3-14　积分示意图

3）读出

关闭 Gpol 和 RST，C_{int} 上的电荷被电路读出，经处理后形成信号输出，如图 3-15 所示。

不同类型的读出电路，区别主要在于输入级单元。所谓输入级单元，指的是像元中产生的光生载流子收集及前处理的单元。

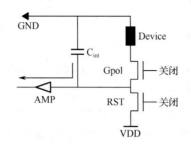

图 3-15　读出示意图

2. 常见类型

按照输入级的不同，读出电路主要分为直接输入型（DI）、电容反馈跨阻放大型（CTIA）和源跟随器型（SF）。

1）直接输入型（DI）

DI 输入级示意图如图 3-16 所示，其特点就是设计非常简单，不需要占据很多像元空间，可以把大量的区域用来布置积分电容，所以读出电路的电荷处理能力可以做得很大。简单的设计使得其功耗较低，往往用于地面的高背景应用；在低背景下，由于光电流较小，电路自身的噪声较大，往往并不具有使用上的优势。此种输入级的读出电路，电荷处理能力往往为几十兆电子，读出电路噪声为几百个电子。

2）电容反馈跨阻放大型（CTIA）

CTIA 输入级示意图如图 3-17 所示。相比于 DI 输入级，其设计要复杂一些，特点是可以调节反馈电容 C_{fb} 的大小，使得电荷处理能力在一个较大的范围内变化，适用的背景条件更广。同时，由于采用反馈设计，施加在像元上的偏置电压更稳定，不容易因光照强度的变化而变化，所以电路的线性度也较好。其缺点是使用的元器件较多，导致工作电流较大、功耗较高。此种输入级的读出电路，电荷处理能力一般为几兆电子，读出电路噪声为几十个电子。

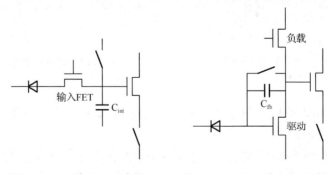

图 3-16　DI 输入级示意图　　图 3-17　CTIA 输入级示意图

3）源跟随器型（SF）

SF 输入级示意图如图 3-18 所示，其结构比 DI 输入级更简单，甚至没有专门用来存储光生载流子的积分电容 C_{int}，而直接利用反偏的像元 pn 结来存储电荷。也正是因为输出级直接连接到像元上，其电荷处理能力大为降低，一般只有 10 万电子左右，读出电路噪声也只有十几乃至几个电子。这种器件往往用在低背景应用条件下，如地外观测和深空探测等领域，地面应用中极少使用。值得一提的是，与前两种输入级不同，SF 输入级不是一种"线性"器件，即它的输出信号不会随着积分时间呈线性变化，而是积分时间越长，信号增加的幅度越小，这是因为像元收集的电荷改变了其自身的偏置程度。

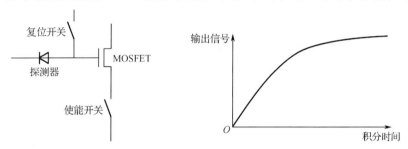

图 3-18　SF 输入级示意图　图 3-19　SF 输入级输出信号随积分时间变化的曲线

按照红外焦平面芯片工作波段来划分，读出电路可以分为单波段电路、双波段电路和三波段电路等。双波段电路乃至多波段电路的基本输入结构和单波段电路相同，只不过多了一个或多个波段的信号回路而已。以双波段电路为例，分为单输入级和双输入级两种。单输入级电路使用一个像元，积分电容分为两个支路，如图 3-20 所示，像元的不同敏感层吸收不同波段的辐射，通过改变电压偏置来切换工作的波段。双输入级电路可以看成两个独立的单波段电路，如图 3-21 所示，像元在垂直入射光的方向上是分开的。

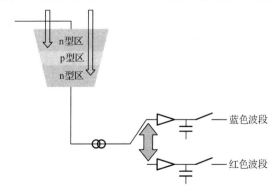

图 3-20　单输入级双色电路示意图

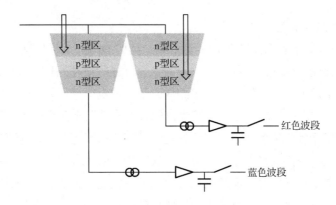

图 3-21　双输入级双色电路示意图

3.3　红外焦平面阵列制备技术

红外焦平面阵列，是指将光敏材料通过清洗、光刻、刻蚀、镀膜等半导体工艺加工后，成为具有光电二极管平面阵列的多单元器件。

就制备工艺而言，标准硅工艺是红外焦平面阵列工艺的基础。比如，光刻图形的高分辨率和均匀性是两者共同的工艺目标；钝化膜层的黏附性、绝缘性、可靠性是钝化工艺遵循的原则。但是，由于材料特点不同，相比于传统硅工艺，红外焦平面阵列工艺有较明显的区别，最显著的例子就是光刻和清洗。由于碲镉汞中的 Hg-Te 键较弱，表面易氧化，易被碱腐蚀，光刻时就需要格外关注温度，既要照顾到材料性能，又要保证光刻图形正常，要对光刻胶的使用温度进行一系列验证。一般而言，110℃ 左右是光刻胶的最佳温度，但碲镉汞薄膜在此温度时可能产生诱发缺陷，致使器件性能恶化。因此，开发工艺时需要结合碲镉汞材料的实际需求摸索合适的光刻条件，清洗中与温度相关的条件也是基于此考虑的。除此之外，一些广泛应用在标准硅工艺中的清洗流程，如表面颗粒清洗、超声-兆声清洗、去胶-剥离等也会因为碲镉汞材料的限制而使用离子性较弱的有机溶剂。

Ⅲ-Ⅴ族材料是能带工程理论和分子束外延技术共同推动下而得到的，其结构自身就是理论设计的产物。对于这类自带丰富结构的敏感材料，红外焦平面芯片工艺的任务就是实现设计时的构想，如台面结构制备、钝化保护、金属化连接，最后是满足电气功能互连的凸点制备。Ⅲ-Ⅴ族材料与Ⅱ-Ⅵ族材料在晶格稳定性上具有天然优势，前者的共价键属性更强，键能更大，结合力自然更大，对温度的容忍度也更高，在进行工艺开发时受到的约束较少，可以更加充分地发挥材料的性能。

综合上面的分析可以看出，红外焦平面阵列工艺是与器件结构密切相关的，而器件结构主要取决于应用需求，同时要兼顾材料和器件的工艺水平。这里的应用需求包括器件的工作温度、探测目标的分布波段、被探测信号的强弱及背景、系统噪声、探测的视场和分辨能力，以及对器件的串音要求等；工艺水平则包括所掌握的材料生长方法及种类、热处理技术的能力等，芯片的成结、刻蚀、钝化、互连等技术水平也是重要的基础条件[9]。

如前所述，碲镉汞红外焦平面阵列与超晶格红外焦平面阵列分别代表平面结和台面结两种典型的工艺路线，二者有较大差别，下面将分别介绍其制备技术。

3.3.1　碲镉汞红外焦平面阵列制备技术

碲镉汞材料是 II-IV 族化合物半导体，其红外焦平面阵列工艺是根据外延材料结构确定的，业界绝大多数采用平面结制备，即外延材料既是吸收红外辐射的敏感材料，又作为接触层材料，并由此发展出平面结工艺。根据 pn 结的方向不同，可分为 n+-on-p 型器件和 p+-on-n 型器件，两种器件的性能各有特点，相对应的红外焦平面阵列工艺也有区别。

以 n+-on-p 型器件为例，该种器件一般采用同质结。敏感材料是 p 型碲镉汞外延材料，n 区采用轻质离子，一般由 B+离子注入形成。该种器件的优势在于：①工艺简单，可靠性和成品率高；②退火后可形成理想的 n+-n--p 结，可控性好；③器件的关键指标，如等效噪声温差（NETD）和调制传递函数（MTF）均可做得很好。可用于制备 n+-on-p 型器件的材料种类相对较多，其中，p 型碲镉汞材料有以下三种选择。

（1）汞空位 p 型材料：该材料的特点是制备工艺简单，p 区载流子浓度容易控制，适用于几乎所有的碲镉汞材料。在 N_2 氛围保护下，对离子注入后的器件进行热处理,注入过程中释放的 Hg 填隙原子向内扩散后形成n+-n-p 结，可有效减小器件漏电流。同时，Cu、Ag 等快扩散杂质被挤出 n 区，耗尽层内的 S-R 复合中心密度也将减小，从而进一步降小漏电流。但是，经这种处理后仍会有部分汞空位残留在耗尽区内，充当复合中心的角色，使得漏电流较大。

（2）Au、Cu 等掺杂 p 型材料：使用 Au、Cu 作为杂质进行掺杂得到 p 型材料，目的是通过提高 p 区材料的少子寿命来减小器件漏电流。据报道，Au 掺杂 p 型碲镉汞材料在 77K 下，少子寿命可以达到 0.82μs。Au 和 Cu 都是快扩散杂质，实际应用时通常要引入一定量的汞空位，以稳定材料的电学性能[10]。

（3）As 掺杂材料：该材料的优点是少子的寿命高，稳定性好，但是制备 As 掺杂材料的工艺难度较大，一方面对外延氛围有要求，另一方面 As 掺杂后需要在高温富汞氛围内进行热处理才能将 As 原子激活成 AsTe 受主。作为吸收层使用的 p 型 As 掺杂材料至今仍未能批量使用。

碲镉汞红外焦平面阵列的制备主要包含 pn 结制备、器件钝化、电极制备、凸点制备等工艺步骤，阵列与读出电路通过倒装焊互连形成红外焦平面芯片，其工艺流程图如图 3-22 所示。

图 3-22　碲镉汞红外焦平面阵列及芯片工艺流程图

下面以 n-on-p 型碲镉汞器件为例进行介绍。其制备工艺与标准硅工艺有许多相似之处，但基于其材料特性与硅的差异，有很多独特的步骤。

其中，pn 结成型、表面钝化及金属化是红外焦平面阵列的关键工艺。pn 结成型是通过注入或扩散方式在外延材料表面进行掺杂，以改变此区域的导电类型，与外延材料形成 pn 结，即光电二极管，该结构是红外焦平面阵列工作的基础，pn 结的各项参数均与注入工艺直接相关。表面钝化是在成结后的材料表面制备介质膜，以避免 n 区与 p 区短路导致二极管失效，并中和材料表面的悬挂键，减少表面态，减小表面漏电流，为器件获得高信噪比提供保障。金属化是在碲镉汞材料表面形成良好的金属/半导体接触，要求比接触电阻低且性能稳定，对红外焦平面芯片的输出阻抗、工作点、芯片与读出电路之间的注入效率、噪声及焦平面的均匀性都有影响。以下将对成结、钝化、金属化等关键工艺进行介绍。

1）成结工艺

平面结的成结工艺中最主要的方式是离子注入，对于 p 型碲镉汞材料，n 区通常采用 B+离子注入形成。与其他掺杂技术相比，离子注入技术的优势主要体现在：①注入杂质不受材料溶解度的限制；②可以精准地控制掺杂杂质的数量和掺杂深度；③离子注入不会产生像热扩散那样严重的横向扩散；④离子注入的大面积均匀性高；⑤掺杂杂质纯度高；⑥低温离子注入可避免热扩散引起的热缺陷，因此特别适用于易分解和热稳定性不高的半导体材料掺杂；⑦高能量的离子可以穿透一定厚度的掩膜进行注入。

　　由于 Hg 的特性较活泼，因此容易在外力作用下从晶格中溢出，在注入离子的轰击作用下，表层材料晶格中的 Hg 原子会从平衡位置脱离。由于离子注入轰击压力使得脱离的 Hg 原子只能往材料内部扩散，Hg 原子在扩散过程中会进入空位及晶格间隙，表现为空位湮灭，导电类型由 p 型转化为 n 型。从宏观上看，离子注入的轰击作用使得表面处的晶格发生了改变，进而改变了导电类型，同时也引入了一定的辐射损伤，因此离子注入方式也被称为损伤成结。该方式形成的结深较浅，一般小于 1μm。损伤可能是点缺陷，也可能是复杂的损伤复合体，甚至是完全无序的非晶态。

　　碲镉汞离子注入的诱导辐射损伤对材料和器件性能有严重的影响，有可能增大截取的产生-复合电流。研究碲镉汞离子注入的诱导辐射损伤的产生、运动、消除，对制备性能优异的碲镉汞光伏型红外焦平面阵列具有重要的意义。

　　注入层的电子数和迁移率可用范德堡法测量，相关公式[11]为

$$\left\{ \begin{matrix} \overline{R}_H \\ x_j \end{matrix} \right\} = \frac{1}{q} \frac{\int_0^{x_j} \mu^2(x) n(x) \mathrm{d}x}{\left[\int_0^{x_j} \mu(x) n(x) \mathrm{d}x \right]^2} \tag{3-7}$$

$$(\overline{\sigma} x_j) = q \int_0^{x_j} \mu(x) n(x) \mathrm{d}x \tag{3-8}$$

式中，$\overline{R}_H$ 为平均霍尔系数；$\overline{\sigma}$ 为电导率；$\mu(x)$ 为深度 x 处的迁移率；$n(x)$ 为深度 x 处的载流子浓度；x_j 为结深。

　　假定在整个注入层内有一个恒定的有效迁移率，薄层中的载流子数为 $[q(\overline{R}_H / x_j)]^{-1}$，且有效迁移率为 $(\overline{R}_H / x_j) \cdot (\overline{\sigma} x_j)$，则测量得到的迁移率典型值在 $1000 \sim 2000 \mathrm{cm}^2 \cdot \mathrm{V}^{-1} \cdot \mathrm{s}^{-1}$ 范围内。

　　离子注入的能量和剂量是该工艺的两个关键参数。其中，能量决定了 Hg 原子往材料内部扩散的距离，即结深；而剂量则决定了脱离平衡位置的 Hg 原子数量。一般而言，离子注入后，在表面区域会形成强 n 型区域，即 n+层，且伴随着注入过程，晶格会残留损伤，这对器件性能稳定性是不利的。因此，在离子注入后往往伴随着退火工艺，以消除晶格损伤，使杂质浓度趋于稳定。中国科学院上海技术物理研究所的叶振华团队利用材料芯片技术，采用 B+叠加注入技术及标准成结工艺，在分子束外延（MBE）生长的 p 型碲镉汞薄膜上，成功制备出不同 B+注入剂量的 n-on-p 结系列探测器单元，并通过测量它们的电流-电压特性，拟合获得不同 B+离子注入剂量单元零偏电阻 R_0，如图 3-23 所示。R_0 是反应 pn 结性能的重要特性参数，可获取材料的最佳离子注入剂量信息，从而为红外焦平面工艺的优化提供了参考依据[12]。

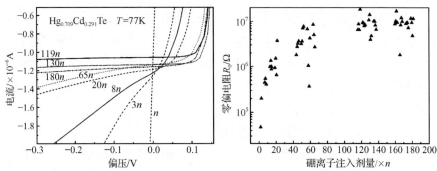

（a）不同B+注入剂量形成的pn结电流-电压特性曲线　（b）不同单元零偏电阻随离子注入剂量的变化

图 3-23　不同 B+注入剂量形成的 pn 结电流-电压特性曲线和
不同单元零偏电阻随离子注入剂量的变化

图 3-23 中，n 为与常用的 B^+ 离子注入剂量相匹配的系数，可取不同值，如 $1 \times 10^{12} cm^{-2}$、$5 \times 10^{12} cm^{-2}$、$1 \times 10^{13} cm^{-2}$ 等。由图可见，注入剂量为 $120 \sim 140n$ 时 pn 结性能最佳。

Bubulac 等人对离子注入所产生的汞填隙原子的作用进行了分析，认为在热处理过程中，汞填隙原子成为扩散源后，会逐渐扩散并与内部的汞空位复合，在 pn 结附近呈现剩余掺杂浓度。汞空位与汞填隙原子复合后，如果呈现局部 p 型状态，则 p 型较弱，此时结构为 n^+-p^--p；相反，如果呈现局部 n 型状态，则称为 n^+-n-p 结构。该结构的低掺杂 n-区将大大减小窄禁带碲镉汞二极管的沟道电流，另外结区前移导致其远离高损伤表面，也将大大减小空间电荷区的产生-复合电流，所以 n^+-n^--p 是一种理想的碲镉汞光电二极管。

2）钝化工艺

器件表面的漏电流及温度可靠性是制约红外焦平面阵列性能的重要因素，尤其对于窄禁带半导体材料的碲镉汞，表面状态对器件性能具有决定意义。碲镉汞钝化从本质上讲是一种表面处理工艺，得到的薄膜称为钝化膜。碲镉汞钝化膜应满足以下要求：①绝缘性良好，且与碲镉汞组件的黏附性较好；②在非气密情况下，膜层性能稳定，不会随时间变化；③不受器件工艺中其他化学物质的侵蚀；④致密性良好，可保证气氛无法侵蚀；⑤界面电荷密度较低，电学性质不易受影响。

碲镉汞材料自身较脆弱，主要与汞原子有关：①汞原子逸出功较低，1000eV 左右的离子能量就能把汞原子溅射出来，形成电活性缺陷，因此沉积过程需要考虑选择低能离子；②不能过于受热，温度达到 50℃时，汞原子便会逸出，在真空或 100～200℃时，汞原子只需要几分钟便能从表面扩散出来，造成表面汞耗尽。

钝化膜的制备可分为湿法工艺和干法工艺两类。其中，湿法工艺主要使用化学或电化学方法，如阳极氧化、阳极硫化和阳极氟化等[13]；干法工艺利用各种气相沉积工艺完成，如热蒸发、电子束蒸发，或者射频溅射、氧等离子体、氢等离子体、光化学气相沉积、脉冲激光沉积、等离子体化学气相沉积等。

从带隙角度看，用 II-VI 族化合物钝化碲镉汞，相当于在窄带隙材料的上面覆盖一层宽带隙材料，如 n 型 $Hg_{1-x}Cd_xTe(x=0.31)$/n 型 $Hg_{1-x}Cd_xTe(x=0.22)$，此时，即使界面复合速率较高，也不会对器件性能造成明显影响；或者将窄带隙材料夹在两层宽带隙材料的中间，使宽带隙半导体对多数载流子和少数载流子均构成势垒，这种结构经常可以得到优异的钝化性能[14]。双层膜则是在原生层上沉积一层较厚的介质膜，这样可以实现对界面的保护，使其免受或少受环境条件的影响，如 ZnS/原生氧化物和 ZnS/CdTe 等。Sun T[15]等人比较了 ZnS 单层膜和 ZnS/CdTe 双层膜对碲镉汞光伏器件进行钝化的效果，结果表明，双层钝化具有更好的性能。

应用较早的钝化膜是单层膜，其中，ZnS 膜的绝缘性最佳，且与碲镉汞的黏附力较好，是比较普遍的选择。CdTe/ZnS 双层结构是目前碲镉汞焦平面阵列主流的钝化材质。其中，CdTe 具有良好的热稳定性，且与碲镉汞的晶格常数接近（可以看作 Cd 组分为 1 的碲镉汞）；ZnS 具有良好的绝缘性。该复合钝化层体系在长波、甚长波等较长波段焦平面阵列中的优势更明显。近室温下经光化学气相沉积工艺生长的 SiO_2 薄膜已被证明可以提供近乎理想的碲镉汞界面，且具有目前最低的界面态密度和固定电荷密度，具有很好的前景。

钝化膜制备完成后，需要在注入区及外围公共区域开出接触孔。对单层钝化而言，当焦平面阵列像元尺寸较大时，如 10μm 以上，可以采用湿法工艺；但当像元尺寸减小至 10μm 以下，甚至 5μm 左右时，湿法工艺开孔体现的横向钻蚀已超出器件的工艺要求，因此应采用高均匀性、高选择比及低损伤的干法工艺。

对 CdTe/ZnS 双层钝化而言，由于 CdTe 的刻蚀特性与碲镉汞接近，因此在开孔过程中很难控制刻蚀界限，目前国外主流的做法是不刻意控制在碲镉汞/CdTe 界面处，而是为了能够保证开孔彻底，允许 1μm 左右的过刻深度，这在操作上降低了难度。

3）金属化工艺

金属与半导体的接触类型包括整流型的肖特基接触和非整流型的欧姆接触两种。对红外焦平面阵列而言，需要的是非整流的欧姆接触，即不改变载流子运输方向和特性。欧姆接触的特点是接触电阻对半导体器件的总电阻而言很小，基本可以忽略。

理想的金属/碲镉汞接触应具有下列特点：①金属和碲镉汞在原子尺度上紧密接触，不存在任何类型的夹层结构，如氧化物；②金属和碲镉汞之间不存在扩散或混合；③金属/碲镉汞界面上未曾吸附杂质和表面电荷；④碲镉汞产生的光生载流子可以无损地流向金属；⑤金属和碲镉汞之间的黏附性好，不会出现脱落现象。

金属/碲镉汞接触研究的核心问题是怎样使光生载流子从碲镉汞到金属运输时不受或少受阻碍。从微观上讲，是降低接触势垒；从宏观上讲，是减小接触电阻。

本征半导体的费米能级 E_f 位于带隙正中间，n 型半导体的 E_f 偏向导带，p 型半导体的 E_f 偏向价带。当掺杂浓度很高时，E_f 会很靠近导带或价带，甚至进入。从图 3-24 中可以看出，费米能级是可以移动的。金属/半导体接触研究中所关注的是一种相反的情况，即在某些外来因素的作用下，费米能级犹如被钉子扎在带隙中动弹不得，即费米能级的钉扎效应[16]。

图 3-24 导体中的费米能级 E_f 具有可移动性

金属/碲镉汞接触是两种不同晶体材料表面的紧贴，其接触面称为界面。如图 3-25 所示，外来金属原子与第一层(110)晶面接触后静止不动，接触主要发生化学反应。事实上，金属原子会扩散进入碲镉汞(110)晶面下的若干原子层。显然，这种扩散类似于用金属原子对碲镉汞进行非本征掺杂[17]。同时，组成碲镉汞的三种原子会向外扩散到金属层中，最终在金属表面下形成一个中间层或夹层。另外，由于碲镉汞表面的原子被消耗，金属/碲镉汞界面会向碲镉汞内移动一小段距离。

理想的欧姆接触是每个半导体器件都期望的。制备欧姆接触有两条途径：①降低接触势垒高度；②提高半导体的掺杂浓度，加大隧穿电流。

第①条比较容易理解。第②条则意味着如果不能降低接触势垒，但通过提高接触区域的掺杂浓度，减小势垒区域厚度，当厚度足够窄时，即使光生载流子能量达不到跃迁阈值，也可以隧穿而过，或者耗尽层中有较多缺陷，那么电子可通过缺陷辅助方式实现隧穿至金属。

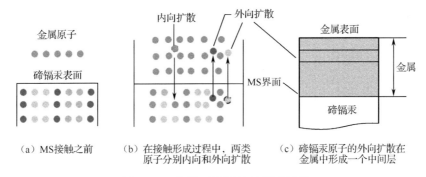

（a）MS接触之前　　　　（b）在接触形成过程中，两类　　（c）碲镉汞原子的外向扩散在
　　　　　　　　　　　　　　　原子分别内向和外向扩散　　　　金属中形成一个中间层

图 3-25　金属/碲镉汞接触形成过程

最常用的方法是用重掺杂的半导体与金属接触，常常是在 n 型或 p 型半导体上制作一层重掺杂区后再与金属接触，形成金属-n+n 或金属-p+p 结构。n 型碲镉汞与金属之间是容易形成欧姆接触的，难点在于 p 型材料与金属之间的欧姆接触，在理想情况下，需要金属功函数大于 p 型材料的功函数，但现实情况是半导体表面不是理想表面，有诸多影响因素，比如，界面层、界面态及表面镜像力等会影响表面载流子传输。另外，由于 p 型碲镉汞材料的 Hg 空位浓度一般在 $5×10^{16}cm^{-3}$ 以内，且采用其他方式的重掺杂极容易引入 Hg 填隙原子而导致表面反型，因此 p 型区的欧姆接触一直是碲镉汞金属化工艺的难题。虽然有一些文献中提出了相关方法，但重复性很差。而且，金属化工艺属于配方化工艺，是各研究单位重点保密的内容，因此很难直接从文献资料中获取直接且行之有效的方法。

另外，金属化之后进行热处理，加强金属原子与碲镉汞各原子在界面处的互扩散，可显著提高界面处的掺杂浓度，有助于形成欧姆接触。李海滨等人[18]在对中短波碲镉汞/金属接触的退火研究中发现，p 型碲镉汞/金属接触经 95℃、30min 退火，接触电阻可降低 2 个数量级；而经过 125℃、30min 退火，可降低 3 个数量级。

按照欧姆接触形成的理论要求，笔者的团队尝试了变换金属类型，以及金属化后进行退火处理，发现经过金属化后的退火处理可以得到稳定的欧姆接触，且金属化后退火对金属类型的选择基本无限制，即绝大多数金属均可与 p 型碲镉汞/金属形成欧姆接触。

如图 3-26 所示为常规工艺与金属化后进行退火处理的 *R-U* 特性曲线对比。可以发现，后者比前者下降了约 4 个数量级，总电阻接近碲镉汞体电阻水平，即接触电阻已不是影响总电阻的主要成分。

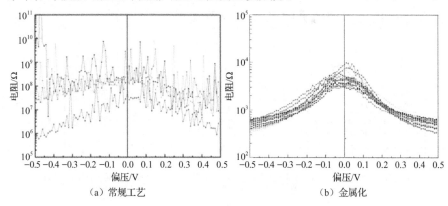

（a）常规工艺　　　　　　　　　　（b）金属化

图 3-26　两种工艺的 *R-U* 特性曲线

3.3.2　超晶格红外焦平面阵列制备技术

区别于碲镉汞材料需要通过离子注入形成 pn 结，超晶格材料的 pn 结早在材料生长过程中已经形成，由于材料结构不同，碲镉汞和超晶格红外焦平面阵列加工工艺存在一定差异。在通常情况下，超晶格红外焦平面阵列工艺包括台面制备、器件钝化、电极制备和凸点制备四个部分，阵列与读出电路通过倒装焊互连形成红外焦平面芯片，其工艺流程图如图 3-27 所示。

图 3-27　超晶格红外焦平面阵列及芯片工艺流程图

2005 年，德国 Fraunhofer 固态电子研究所使用 Cl 基干法刻蚀和湿法化学腐蚀结合的方式，实现了超晶格材料台面隔离，并采用 SiO_2 作为钝化层实现了红外焦平面芯片的制备，报道了第一款高性能 256×256 超晶格红外探测器，截止波长为 5.4μm，80K 下的 NETD 为 11.1mK，展现出优异的器件性能[19]。2007 年，美国西北大学利用 ECR-RIE 刻蚀系统，基于 BCl_3 刻蚀气体实现了台面隔离，随后通过柠檬酸系溶液去除刻蚀诱导损伤，并通过电子束蒸发工艺制备了上、下接触电极，完成了 320×256/25μm 红外焦平面芯片制备，截止波长为 12μm，有效像元率为 97%。需要注意的是，该红外焦平面芯片并没有进行表面钝化，81K 下的 NETD 最高达 270mK，性能有待优化[20]。随着材料技术和加工技术飞速发展，2013 年，以色列 SCD 公司推出其首款

nBn 高温中波产品，该产品通过浅台面刻蚀工艺，避免了常规深刻蚀导致的复杂侧壁状态，获得 640×512/15μm 高性能红外焦平面芯片，150K 下的 NETD 小于 25mK，有效像元率大于 99.5%[21]。2018 年，美国 HRL 实验室报道了 1280×720/12μm 中长双色焦平面阵列，该阵列基于 4in wafer 制备。HRL 实验室采用全自动投影步进光刻技术，提高了光刻均匀性，减少了光刻缺陷，并进行干法刻蚀及相应钝化工艺优化，获得了高占空比台面结构，并减小了长波段侧壁漏电，随后通过光刻、干法刻蚀和金属生长流程制备了金属/半导体接触，获得了高性能中长双色红外焦平面阵列，中波段的 NETD 为 14.9mK，长波段的 NTED 为 28.1mK。HRL 实验室利用该方式一次可以产出 27 个芯片，极大地提高了生产效率[22]。

　　与碲镉汞焦平面阵列相比，超晶格焦平面阵列工艺最显著的特征是需要通过蚀刻形成半导体台面结，如图 3-28 所示。超晶格材料的多功能层结构中含有多种、多组分的 Ⅲ-Ⅴ族元素，材料结构的复杂性和器件结构的多样性，使得平整光滑的台面隔离变得非常复杂。台面刻蚀决定了侧壁表面的化学状态，经台面刻蚀后，InAs/GaSb 材料由于晶格周期被破坏，形成大量悬挂键，并且由于自身氧化物不稳定而易生成高密度表面态，因此常需要去除自身氧化物和沉积一层绝缘材料，以饱和悬挂键并保护表面，减小侧壁漏电流。

　　随着制冷红外焦平面探测器不断往大面阵、多色、小像元方向发展，在保证台面高填充因子的同时，最大限度地减小等离子造成的表面晶格损伤，减小红外焦平面芯片暗电流并提升其长期可靠性，是制备第三代高性能超晶格红外焦平面芯片的重点。

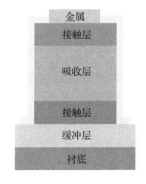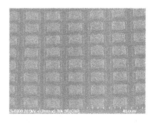

图 3-28　超晶格红外焦平面阵列台面结构示意图

1. 台面刻蚀工艺

超晶格红外焦平面芯片一般采用台面结，其像素隔离工艺至关重要，占空比和刻蚀损伤等刻蚀结果会直接影响探测器的性能。超晶格红外焦平面芯片像素隔离主要有两种技术手段，即湿法腐蚀技术和等离子体干法刻蚀技术。

（1）湿法腐蚀技术原理及特点：湿法腐蚀一般在光刻胶的保护下进行，通过材料与溶液的化学反应达到刻蚀目的。Ⅲ-Ⅴ族化合物半导体的湿法腐蚀，涉及材料表面的氧化及氧化产物的溶解两个过程。在一般情况下，先利用 H_2O_2 等腐蚀液使材料表面快速氧化，再通过 HCl、H_2PO_3、HNO_3 及 $C_6H_8O_7$ 等酸性试剂溶解产生的氧化物，达到去除腐蚀产物的目的，使反应能够持续进行，以获得所需图形[23]。湿法腐蚀具有方法简单、侧壁损伤小及表面态少等优点。许佳佳等人采用磷酸/双氧水/柠檬酸湿法腐蚀溶液，制备了 128×128/40μm InAs/GaSb 二类超晶格制冷红外焦平面探测器[24]。不过，局限于腐蚀的各向同性和大面积均匀性差的特点，湿法腐蚀虽然可以用于单元器件及光敏元器件数目较少的制冷红外焦平面探测器台面成型，但并不适用于大面阵、小像元红外焦平面芯片的制备。

（2）等离子体干法刻蚀技术分类及特点：等离子体干法刻蚀属于精密微纳加工技术，一般分为离子束刻蚀（IBE）、反应离子刻蚀（RIE）、电子回旋加速刻蚀（ECR）和电感耦合等离子体刻蚀（ICP）四种。利用高能电子与 Ar 碰撞产生的 Ar 离子，在电场作用下轰击材料表面的刻蚀方法称为 IBE，也称物理刻蚀。IBE 各向异性度好，但对材料表面造成的损伤较大[25]。RIE 是一种结合了物理刻蚀与化学刻蚀的技术，一方面，活性离子到达材料表面发生化学作用；另一方面，高速离子通过轰击作用把化学反应产物去除。虽然相比较于 IBE，RIE 的刻蚀损伤更加可控，但由于 RIE 的等离子体浓度低，一般需要较高的刻蚀功率，所以仍然会导致较大的刻蚀损伤[26]。因此，IBE 和 RIE 在二类超晶格台面成型中很少使用。

为解决刻蚀速率与刻蚀损伤之间的矛盾，通常可以采用高密度等离子体刻蚀技术，根据等离子体的产生方式可以分为 ECR 和 ICP 两种。ECR 将高频微波电源置于磁场中，激发出高密度等离子体，然后施加较低功率的直流偏置用来控制离子能量。ECR 是最早商用的高密度等离子体刻蚀技术，早在 2003 年，美国西北大学就已经采用。但是，ECR 由于设备结构复杂、成本较高，目前普遍被原理更简单的 ICP 技术取代[27]。ICP 等离子体是通过把射频功率加到一个非共振线圈上产生的，通过耦合作用，等离子体密度可以达到传统 RIE 的 $10^2 \sim 10^3$ 倍，上、下两组电极可以分别控制等离子体的密度和能量，能够有效缓解刻蚀速率与刻蚀损伤间的矛盾[28]。

ICP 技术可以满足高刻蚀速率、较低刻蚀损伤及大面积均匀性好的要求，而且操作较简便，因此迅速成为 III-V 族材料刻蚀首选，被广泛应用于超晶格焦平面阵列台面成型工艺。关于 ICP 技术，一般研究内容包含以下几个方面。

（1）刻蚀掩膜的选择：ICP 可选用的掩膜一般分为光刻胶掩膜、金属掩膜与介质掩膜三类。对于超晶格材料，由于光刻胶掩膜选择比较差，而且在高温轰击下容易变性而不易去除，因此在台面刻蚀中很少用到；金属掩膜具有极高的选择比，但同样存在去除困难的问题，另外，在刻蚀过程中，金属容易附着于材料侧壁，而形成漏电通道，增大器件暗电流。相比较于光刻胶掩膜和金属掩膜，SiO_2、Si_3N_4 等介质掩膜不仅具有良好的选择比，而且刻蚀及去除工艺也比较成熟，因此在超晶格材料刻蚀工艺中，通常选用此类介质材料作为刻蚀掩膜。

（2）工艺影响因素：研究表明，基于氯基等离子体来刻蚀化合物 III 族或 VI 族元素，关键过程是 Cl_2 分子与高速运动的电子碰撞而裂解产生的 Cl 原子在扩散到下电极区后，与 InAs/GaSb 样品表面反应，生成化合物 $InCl_x$、$AsCl_3$、$GaCl_3$、$SbCl_3$ 等。含有 In 的材料，其刻蚀一般采用 CH_4/H_2 作为刻蚀气体，刻蚀表面光滑，速率也易掌握。但当被刻蚀材料中含有 Ga 或 Al 时，刻蚀速率会很慢，从而失去刻蚀意义。刻蚀 GaSb 材料一般采用 Cl_2 或 BCl_2 作为刻蚀气体。多种刻蚀气体的工艺参数优化直接影响 InAs/GaSb 超晶格材料的刻蚀形貌、速率和刻蚀损伤。美国喷气推进实验室采用 $CH_4/H_2/BCl_3/Cl_2/Ar$ 混合刻蚀气体，可降低刻蚀诱导损伤，制备高性能 1K×1K 长波焦平面探测器[29]。

除刻蚀气体种类及比例外，刻蚀温度功率、腔体压强、样品温度，甚至腔体氛围都会对刻蚀形貌产生重要影响，只有综合考量这些工艺条件的作用，才能获得理想的刻蚀结果。图 3-29 所示为温度对刻蚀速率的影响。

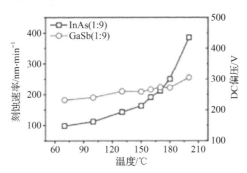

图 3-29　温度对刻蚀速率的影响[23]

（3）等离子体干法刻蚀的评价与检测：为了准确无误地转移 InAs/GaSb 外延材料表面的掩膜图形，以获得高深度、高密度的微台面红外焦平面列阵，等离子体干法刻蚀工艺必须满足一些特殊的技术要求，主要可以从以下六个方面进行检测和评价：①等离子体诱导损伤；②刻蚀速率；③刻蚀剖面与刻蚀偏差；④刻蚀选择比；⑤均匀性；⑥刻蚀表面的粗糙度、残留物与聚合物等。Xu 等人通过 ICP 刻蚀温度的优化，提高了刻蚀副产物的挥发速率，并减少了表面残留的游离 Sb 和 GaSb，获得了高性能 640×512 像元的红外焦平面阵列[30]。

（4）刻蚀损伤的修复：为了实现高密度深台面的干法隔离，很难避免造成对材料的刻蚀诱导损伤。一个解决办法是研究刻蚀损伤的修复工艺，即湿法化学腐蚀，一般使用磷酸、柠檬酸刻蚀体系对 GaSb 进行腐蚀时，以 H_2O_2 作为氧化剂，磷酸、柠檬酸作为络合剂，水作为稀释成分，浸在腐蚀液中的高表面态材料表面先被氧化剂氧化，再被络合剂溶解，从而达到被去除的目的。德国 Fraunhofer 研究所采用湿法溶液处理的方式减少侧壁干法刻蚀的损伤，制备出第一款高性能 256×256 超晶格红外探测器[19]。随着超晶格刻蚀工艺研究的逐步深入，已有一些机构基于纯干法刻蚀技术就能获得低损伤台面侧壁状态。美国西北大学基于 BCl_3/Ar 基 ICP 刻蚀体系，获得 4∶1 高深宽比台面结构，如图 3-30 所示，侧壁损伤很小，在不进行湿法处理的情况下，暗电流密度比经过湿法处理后的 ECR 刻蚀技术制备的器件还要低一个量级[28]。

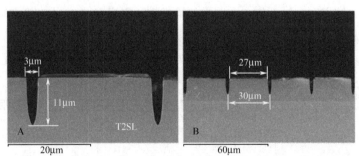

图 3-30　高深宽比台面结构

2. 钝化工艺

二类 InAs/GaSb 超晶格（T2SL）制冷红外焦平面探测器红外焦平面芯片的另一个重要关注点就是它在台面侧壁处的高表面漏电流。表面漏电流通常由悬挂键、反型层和界面陷阱引起，将导致了器件响应度较低。此外，T2SL 蚀刻表面的大气暴露会导致不受控制地形成复杂的天然氧化物，从而增加表面泄漏通道[31,32]。为了抑制表面漏电流，有多种钝化方法，包括硫化钝化[33]、二氧化硅或氮化硅层的沉积钝化[34]、聚酰亚胺或 SU8 涂层钝化[35]、宽带隙自钝化层设计[36]和原子层沉积介电层钝化等[37]。但到目前为止，并没有公认的用于超晶格器件钝化的标准方法，甚至同一种钝化方法对中波和长波辐射的效果就有很大不同。更糟糕的是，随着器件尺寸的进一步缩小，像元面积/体积比变大，具有高深宽比垂直台面侧壁的 T2SL 制冷红外焦平面探测器的表面漏电流越来越大。如何通过钝化获得稳定的器件性能成为 T2SL 制冷红外焦平面探测器制造中极为重要的问题。

　　良好的钝化必须满足下列条件。

　　（1）阻止环境气氛和半导体表面的化学反应。

　　（2）消除和防止半导体带隙中界面态的形成。

　　（3）作为界面上载流子的势垒，即具有足够的势垒，使电子不会从半导体表面移动到钝化层。

　　（4）在探测器的寿命期内，在温度变化时，钝化层的结构、物理和界面性质不会发生任何变化。

　　硫化钝化是一种较为普遍且效果较好的钝化方法，主要方式有$(NH_4)_2S$溶液热浴和电化学硫化。其原理是用 S-键置换 O-键，去除表面不稳定的氧化物，采用自身硫化层形成宽禁带钝化膜，薄膜黏附性较好，但 S 化层长期稳定性较差，故需在上面覆盖一层其他介电材料以防止性能退化。如图 3-31所示，长波 S 化+SiO_2双层钝化，其暗电流密度比 SiO_2 单层钝化低 1 个数量级。张舟等人提到，采用此双层钝化工艺制备了国内首款超晶格双色焦平面器件，具有分辨率高、暗电流密度低等优点，在中长波段成功实现了开机演示，具有良好的成像效果，达到国内领先、国际先进的水平[38]。

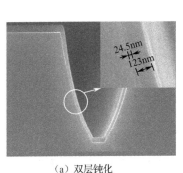

（a）双层钝化

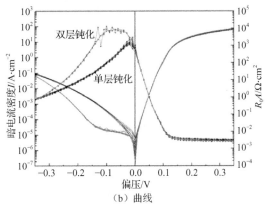

（b）曲线

图 3-31　长波 S 化+SiO_2双层钝化的台面侧壁钝化 SEM 和器件 I-U、R_0A-U 曲线

随着研究的深入，发现大面积 S 化的均匀性较差，同时 CVD-SiO₂ 对高深宽比垂直台面的侧壁覆盖性较差，在小像元、大面阵场景中的使用受限。原子层沉积（ALD）是一种具有许多独特优势的技术，例如，即使在锐利边缘也具有完美的保形覆盖，这对于钝化高深宽垂直台面侧壁至关重要。如图 3-32 所示，在近 90° 的垂直台面上，采用 ALD 生长的钝化膜侧壁覆盖均匀良好。Tan 等人将三甲基铝（TMA）和 H₂ 等离子体的组合预处理，再加上 ALD 三维共型性薄膜生长方式，应用在具有深垂直台面侧壁的 p-i-n 中波超晶格器件上，表面漏电流更小，耐烘烤特性更佳[39]。经过 90℃、4 天烘烤处理后，不同钝化的光电二极管 I-U 特性与 $1/(R_0 A)$-(P/A)曲线如图 3-33 所示。

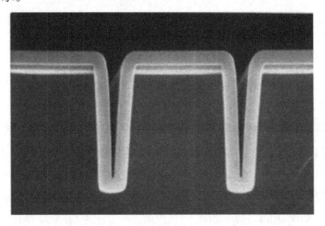

图 3-32 采用 ALD 生长的钝化膜（图片来源：赫尔辛基大学）

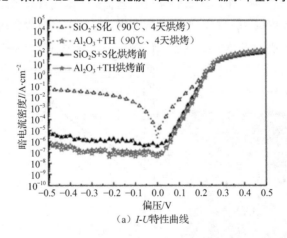

（a）I-U 特性曲线

图 3-33 90℃、4 天烘烤处理后，不同钝化的光电二极管 I-U 特性曲线与 $1/(R_0 A)$-(P/A)曲线

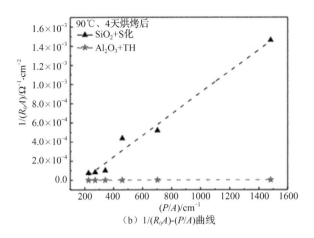

（b）$1/(R_0A)$-(P/A)曲线

图 3-33　90℃、4 天烘烤处理后，不同钝化的光电二极管 *I-U* 特性曲线与 $1/(R_0A)$-(P/A)曲线（续）

对不同超晶格材料进行对比研究发现，除消除表面态外，如何平衡钝化膜与不同材料之间的应力，对提高器件钝化性能及可靠性也至关重要。目前主要通过优化多膜系组合设计生长，弯曲晶界路线，来平衡材料应力，抑制产生漏电通道，提高器件的耐烘烤能力。

3．电极制备

对制冷红外焦平面探测器而言，入射的光子经过转换后生成的光电流只有通过某种媒介转移到外接的读出电路中，才能完成后续的信号处理。而电极生长技术起到了实现这种媒介的作用。常规 MBE 生长的超晶格材料可根据需求设计对应的重掺层，从而保证金属电极实现良好的欧姆接触，因此人们对其相关工艺讨论得较少。在台面型红外焦平面阵列制作过程中，还需要关注侧壁电极覆盖问题。

为了消除超晶格材料台面刻蚀后，上、下电极铟柱高度差带来的后续倒装焊对准精度下降、互连质量恶化，需采用电极金属爬坡这一技术路线，通过光刻—蒸镀—剥离的工艺步骤，形成上、下电极金属图形，并通过工艺优化提高侧壁金属覆盖率和侧壁金属可靠性。图 3-34 所示为深度为 8μm、线宽为 2μm 的台面上、下电极示意图。通过对深槽光刻工艺参数及金属生长方式的优化，目前高德红外公司已经实现了深度为 8μm、线宽为 2μm 的台面金属爬坡工艺，实物图和金属导通性 *I-U* 测试曲线如图 3-35 所示。

随着像元尺寸的进一步减小，上电极要求有更小的图形尺寸，下电极要求有更佳的金属覆盖性，故优先考虑上、下电极分开制备。

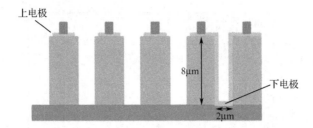

图 3-34 深度为 8μm、线宽为 2μm 的台面上、下电极示意图

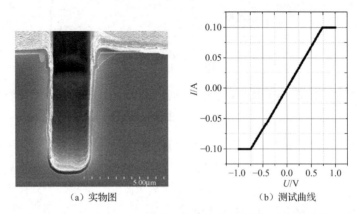

（a）实物图　　　　　　（b）测试曲线

图 3-35 深度为 8μm、线宽为 2μm 的台面金属爬坡实物图和金属导通性 I-U 测试曲线

3.4 红外焦平面芯片集成技术

如前文所述，外延材料经过半导体工艺加工为红外焦平面敏感阵列后，只有与读出电路进行倒装焊互连，才能成为具有完整功能的红外焦平面芯片；完成倒装焊互连后，还需要通过底部填充进一步提高红外焦平面阵列与读出电路的互连强度，如图 3-36 所示。

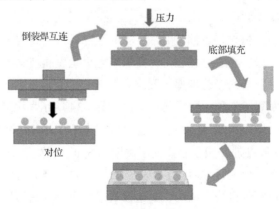

图 3-36 红外焦平面芯片集成过程

通常，为减小光能量被吸收而衰减，以及使用过程中在常温和液氮温度间反复变化带来的应力损坏，要进一步地将衬底减薄并去除。

下面介绍倒装焊互连和底部填充这两项重要的技术。

3.4.1　倒装焊互连技术

倒装焊互连技术起源于 20 世纪 60 年代，由 IBM 公司率先研发，最初主要应用于封装领域。该技术将芯片翻转倒扣（Flip），使其功能面朝下，与基板以"面对面"的方式通过焊料凸点（Bump）进行互连，故称倒装焊（Flip Chip Bonding），如图 3-37 所示。

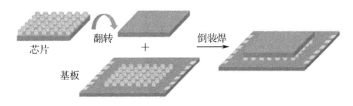

芯片　翻转　＋　倒装焊

基板

图 3-37　倒装焊互连技术示意图

与传统的引线键合技术（Wire Bonding）和载带自动键合技术（Tape Automated Bonding）相比，倒装焊互连技术的优势在于，前两种技术的焊盘都在器件四周，因此 I/O 数量有限，而倒装焊互连可以将整个芯片面积都用来与基板互连，理论上 I/O 数量不受限制。

红外焦平面芯片的倒装焊互连有时也叫混成技术（Hybridization）。今天，红外焦平面芯片最大像元规模已经超过 4K×4K，需要互连的凸点数量超过 $1.6×10^7$ 对，显然，只有通过倒装焊互连技术才能实现。

对于上百万甚至千万个高密度、大规模像元的倒装焊互连，高质量的凸点是重要基础，因此下面先介绍凸点制备技术，然后介绍倒装焊互连技术。

1. 凸点制备技术

凸点的作用是将阵列端像元与基板（读出电路）端的像元一一对应、实现电学连接。凸点互连取代引线互连，是实现高密度互连的重要手段。由于凸点不能相互干扰，且在低温下应具有较好的粘接能力，所以一般采用锡、铟、金锡合金、银锡合金等较软的金属材料制作。在制冷红外焦平面探测器领域，凸点一般用铟制备。在早期，互连的铟凸点是柱状的，因此习惯上也叫铟柱。随着技术和需求改变，铟凸点不再一定呈柱状，为了更准确地描述，本书均以"铟凸点"（Indium Bump）表述。

从制备工艺的角度区分，现有的铟凸点制备技术主要有以下两种。

（1）剥离（Lift-off）技术：剥离技术先采用负性光刻胶制备光刻图形，再通过热蒸发工艺沉积铟金属膜，然后经过有机溶剂清洗剥离，去掉多余的铟金属膜和光刻胶，制备出铟凸点阵列，如图3-38所示。

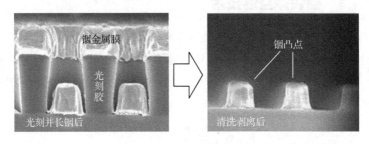

图 3-38　铟凸点剥离技术

（2）电镀技术：电镀技术与剥离技术的主要差别在于，铟金属是以光刻胶图形为掩膜，通过电镀工艺沉积的，其形貌和高宽比要比剥离技术制备的好，尤其在较大的高宽比情况下，其均匀性更好，形貌更饱满。

除上述两种基本的凸点制备技术外，还可以通过回流工艺将棱台或圆台形凸点变成球形，即回流技术。其过程是将铟凸点放置在甲酸等还原性气体环境中，将样品加热到铟的熔点（156.61℃）以上，铟金属熔为液态后，在表面张力的作用下收缩成球形，如图3-39所示。

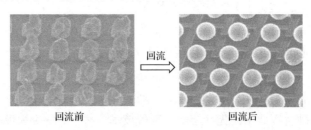

图 3-39　铟凸点回流前后的形貌对比

铟凸点尺寸（包括直径、高度、形状）设计，主要基于以下两个方面考虑：①倒装焊时，两边铟凸点的接触面积越大，结合会越有效、牢固，这要求尽量将铟凸点直径做大；②铟凸点直径太大时，相邻像元凸点相连的风险会增加。因此，铟凸点设计要基于中心距、材料平整度、器件结构和倒装焊设备的精度等多方面因素综合考虑。

除铟凸点的尺寸和形貌外，凸点阵列的均匀性也是影响倒装焊互连的重要因素。随着像元尺寸朝更小的方向发展，铟凸点的尺寸越来越小，其均匀性也越来越差。其原因主要来源于以下几个方面。

（1）铟凸点尺寸变小，相应的光刻图形孔径也随之变小，而在铟凸点光刻时，往往光刻胶较厚，这意味着光刻图形的孔径深宽比较大，因此对光刻来说，均匀性比较难控制。光刻铟孔图形不均匀，进一步会直接影响铟凸点的尺寸均匀性。该问题可以通过调整凸点制备工艺来缓解，具体做法是：减小光刻胶厚度，提高其均匀性，同时增加图形设计直径，制备出比较扁平的铟凸点，并通过回流将扁平的铟凸点变为具有一定高度的球形凸点，以满足倒装焊互连的需要。此外，还可以通过应用先进的光刻机和配套设备，实现更均匀的光刻加工，制备出更加均匀的光刻图形。不过，这个方式在一定程度上受样品尺寸、形貌及硬件条件的限制。

（2）镀膜技术的影响：电镀和蒸发都存在一定的膜厚均匀性问题，尤其是蒸发工艺，与蒸发源垂直的中心区域均匀性较好，远离中心的区域会逐渐变得较差，这是因为在边缘区域，铟原子是以斜入射的方式沉积到光刻铟孔中的。图 3-40 所示为基于热蒸发工艺制备的、12μm 中心距的铟凸点形貌。可以看出，不同区域均匀性的差异非常大，边缘的铟凸点比较歪斜，4in 位置的铟凸点几乎都不完整，完全无法满足倒装焊互连的要求。

  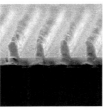 

（a）托盘中心　　　　（b）2in 位置　　　　（c）3in 位置　　　　（d）4in 位置

图 3-40　基于热蒸发工艺制备的、12μm 中心距的铟凸点形貌

除采用良好的制备工艺提高铟凸点均匀性外，还需要在使用前对其均匀性进行测量和评估。对于电镀或回流后的铟凸点，由于其形状比较规则，可以通过直接测量直径和高度获得尺寸。对于通过蒸发、剥离工艺制备的铟凸点，其形状很不规则，无法直接进行准确测量，可以进行回流后再测量其尺寸，或者将样品与平片采用特定压力倒装焊后分开，在显微镜下观察被压扁的铟凸点顶部平台大小。图 3-41 所示为 12μm 中心距的铟凸点与平片倒装焊后分开的金相显微镜图片。可以看到，中心区域的铟凸点尺寸比较饱满，2in和 4in 处的尺寸偏小。

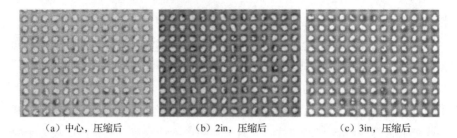

|（a）中心，压缩后|（b）2in，压缩后|（c）3in，压缩后|

图 3-41　12μm 中心距的铟凸点与平片倒装焊后分开的金相显微镜图片

2．倒装焊互连

倒装焊互连是将红外焦平面阵列与读出电路集成为红外焦平面芯片的最关键的一步，包含以下两方面的作用。

（1）将红外焦平面阵列与读出电路"面对面"地精确对位，以确保两端的像元在垂直方向上完全重合，从而实现"一对一"互连。如果对位精度不够高，则可能出现一个像元与周围像元形成互连，导致互连失效，这样的制冷红外焦平面探测器是无法成像的。

（2）通过一定的压力，使每个像元上的铟凸点一一压合，真正实现像元互连。同时，利用这些凸点的机械强度，将红外焦平面阵列与读出电路绑定为一个部件，即实现红外焦平面芯片集成。压力大小有一定的要求，太小，凸点接触面积太小，影响电学接触，且可靠性差；太大，会导致铟凸点被压得过扁，使相邻像元桥接，形成无效像元。

制冷红外焦平面探测器的倒装焊互连，是在极高密度焊点的情况下进行的，并且通常要求有效互连率大于 99.9%。这种大规模的高精度对准和高均匀性连接，要求对准精度要小于 1μm，且红外焦平面阵列与读出电路之间的缝隙（等于两边凸点压缩后的总高度）差值也要控制在 1μm 以内。这种缝隙差值即倒装焊互连的均匀性，而红外焦平面阵列、读出电路本身的平整度和厚度均匀性，以及颗粒污染等，都会对其产生严重的影响。因此，对于红外焦平面芯片的倒装焊互连，在加压前还需要"找平"，即通过激光测量和校正，使红外焦平面阵列与读出电路的倒装焊面尽量平行。

制冷红外焦平面领域的高精度倒装焊需要采用专门的倒装焊设备完成。目前，行业内用得较多的是法国 S.E.T 公司的 FC150/FC300 等系列倒装焊机。其工作原理为：将红外焦平面阵列与读出电路在显微镜下进行对位，对位时镜头位于二者之间，且两端的图形经过混合在显示器上形成叠层图像，对位示意图如图 3-42 所示；完成对位后，通过激光束测量二者之间的平行度，并有针对性地做调平；完成对位和找平后，镜头退出，吸住上面红外焦平面阵列的压力臂下行，并与读出电路接触，随后加压至设定压力，使二者"焊接"在一起。正常倒装焊后，红外焦平面阵列与读出电路两端的铟凸点是一对一连通的。

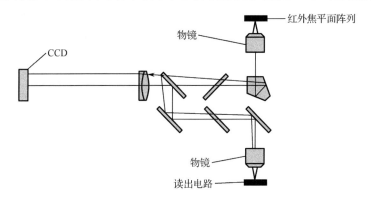

图 3-42　倒装焊对位示意图

下面基于倒装焊互连的原理，对倒装焊压力、对位精度、均匀性等进行详细介绍。

（1）倒装焊压力：铟凸点是在压力作用下发生接触，并变形、挤压，"粘接"在一起的，压力的大小对互连的效果有直接的影响。图 3-43 所示为某 15μm 中心距的 30 万像元焦平面阵列在倒装焊时，铟凸点压缩后高度随压力变化的趋势。可以看到，随着压力增加，铟凸点被压缩得越扁，且随着压力继续增加，铟凸点的高度降低变得缓慢，这是因为铟凸点被压扁后，接触面积变大，整个阵列更能承受压力。

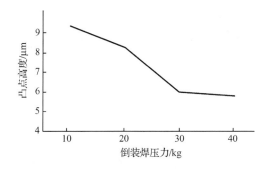

图 3-43　倒装焊时，铟凸点压缩后高度随压力变化的趋势

（2）对位精度：对位精度直接决定了相邻铟凸点是否会桥接，即相邻像元是否会短路。其影响因素主要有两个方面：①对准图形的辨识度，因此设计并制备出容易识别的对位标记，是实现高精度对位的基础；②设备本身的

性能，即设备固有的对位能力，主要由设备的光学系统和移动部件（包括chuck 台）的性能决定，目前比较先进的机型的对位精度小于±0.5μm。此外，基于两点定位的原理，一般需要在面阵的对角位置放置至少一对对位标记，如图 3-44（a）所示。如果倒装焊对位精度不够，敏感阵列与读出电路两端的铟凸点就无法实现一对一连通，从而形成错位或桥接，如图3-44（b）图所示。

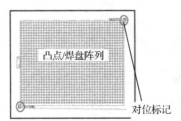

（a）对位标记位置示意图　　　　　　（b）铟凸点错位

图 3-44　倒装焊的对位标记和铟凸点错位

（3）均匀性：倒装焊的均匀性不好，可能出现两种异常：①两端铟凸点压缩不够，甚至未接触到，会导致两端像元断路或电接触不良，造成互连实现但形成无效像元；②铟凸点被过度压缩，造成相邻像元的铟凸点粘连，从而在电学上是没有分开的，也会形成无效像元。这两种情形下的阵列断面扫描电镜图如图 3-45 所示。造成倒装焊不均匀的原因通常与样品背面有颗粒污染、样品表面反光不好导致激光找平失效，以及设备本身不稳定等因素有关。

（a）铟凸点压缩不够

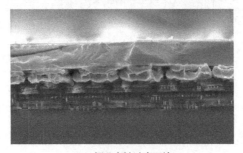

（b）铟凸点被过度压缩

图 3-45　铟凸点压缩不够和被过度压缩

经过倒装焊互连的红外焦平面芯片在实际使用过程中，容易出现新增的互连异常像元，主要原因为两端铟凸点的结合强度不够。除上述各项工艺的改善外，倒装焊互连前的铟凸点表面处理也非常重要。铟凸点表面处理一般可采用酸去除氧化层，或者采用还原性的方式将氧化铟还原成铟，从而提高两端铟凸点的结合强度。图 3-46 所示为未进行铟凸点表面处理和经过铟凸点表面处理的样品经倒装焊后的断面形貌。铟凸点未经处理的接合面很容易被分开。

（a）未进行铟凸点表面处理

（b）经过铟凸点表面处理

图 3-46　样品经倒装焊后的断面形貌

根据工艺温度不同，目前红外焦平面芯片的倒装焊互连可分为冷压和热压。冷压，即在室温条件下，通过压力使两端的铟凸点"粘接"在一起。热压是在一定温度下进行的，通常需要甲酸等还原性气氛的配合，如果温度较高导致铟凸点熔化，即为回流焊工艺。冷压与热压的区别在于：冷压对设备要求相对简单，需要的压力相对较大；热压要配备加热和气氛腔体，设备相对复杂，由于加热后铟变软，因此压力相对较小，且一般在还原气氛下，铟表面的氧化层被去除，结合更牢固，可靠性更高。此外，由于阵列材料与硅电路的热膨胀系数不同，加热后，二者的膨胀差异对对位有很大影响，因此小像元的倒装焊互连多采用冷压。

以上均是以双面铟凸点为例进行的介绍，事实上，在回流的工艺环境中，由于熔融的铟与金有很好的浸润性，也可以采用单面铟凸点进行互连。与双面凸点相比，单面凸点具有倒装焊互连精度更高的优点，但是必须在有还原气氛和加热装置的设备上进行。

3.4.2　底部填充技术

底部填充（Underfill）是指利用毛细现象原理，用耐低温的环氧树脂填充胶，对经倒装焊互连在一起的红外焦平面阵列和读出电路之间的微缝隙进行填充，具体过程为：在基板（读出电路）边缘施加填充胶，填充胶通过毛细作用不断被吸入芯片内部，实现有效填充，如图 3-47 所示；最后，经过高温固化实现上、下两端的有效粘连[41]。其主要目的和作用在于提高红外焦平面阵列与读出电路之间的连接强度，提高整个器件的可靠性，以适应温度在常温和液氮温度间反复变化带来的应力变化[42,43]。

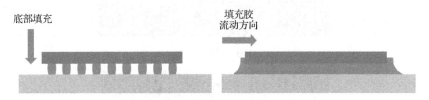

图 3-47　底部填充示意图

倒装焊互连技术使底部填充技术应运而生，用以提升倒装芯片的结构稳定性。目前，电子消费类产品朝着小型化和晶圆级封装的方向不断发展，对底部填充技术的要求越来越高。相比于传统的窄节距倒装芯片，红外焦平面芯片的芯片间距和像元间距更小（几微米到几十微米），使得底部填充工艺难度更大。此外，光敏材料对吸收光高度敏感的本征特性，使得像元间隙中极其微小的不完全填充也会使成像画面中出现明显异常。因此，在红外焦平面芯片领域，要求填充胶在倒装芯片内部实现完全填充。

底部填充的关键因素包括填充胶和填充工艺两部分。

1．填充胶

填充胶以多组分合成树脂为主要成分，使用时按照特定的应用需求加入不同辅剂（如固化剂、稀释剂、增韧剂等）。填充胶的物理、化学性质不仅会影响填充效果，而且决定着器件的整体可靠性[43,44]。因此，红外焦平面芯片对填充胶的选择有着严苛的标准，主要包括以下评估参数。

（1）黏度：填充胶通过毛细作用实现填充，而填充胶黏度的大小直接决定毛细作用的效果。随着红外焦平面芯片向更小像元间距和更大面阵规模发展，要求填充胶具有较低黏度，以实现有效填充（≤102cps）。值得注意的是，填充胶的黏度不是越低越好，黏度过低会导致填充胶在固化时流动，存在淹没焊盘的风险。此外，填充胶黏度的稳定性对产品批量生产也具有非常重要的作用。

（2）热膨胀系数（CTE）：填充胶的一大重要作用是缓解上、下两端因热膨胀系数差异大而导致的翘曲和形变问题[43]。红外焦平面芯片在工作时会在短时间内快速降温至 70～80K，此时，上、下两端 CTE 差异较大，极易导致芯片开裂。因此，填充胶的热膨胀系数要与上、下两端适配。

（3）固化温度（热应力）：填充胶的固化温度一般不低于其玻璃化转变温度。一般固化温度越低，完全固化所需要的时间越久。但过高的固化温度会造成热膨胀系数增大，导致红外焦平面芯片内应力增大。

（4）耐腐蚀和抗老化能力：红外焦平面芯片在完成底部填充后，还需经过数十道工艺步骤，其间会受到多种有机和无机溶液的侵蚀，以及减薄、抛光等物理作用过程。填充胶必须具有良好的耐腐蚀和抗老化能力，才能保证红外焦平面芯片顺利生产。

（5）排气量：红外焦平面芯片完成工艺加工后，要进行组件封装，以组成完整的制冷红外焦平面探测器，在红外焦平面芯片进行耦合时需要真空环境。若填充胶性质不稳定，则极易产生气体，会影响制冷红外焦平面探测器的整体性能。红外焦平面芯片一般采用放气量小且物理、化学性质稳定的填充胶。

2. 填充工艺

红外焦平面芯片对底部填充设备和工艺都有严苛的要求，需采用高精度、高稳定性、高产能的底部填充设备。此外，针对不同规格的红外焦平面芯片开发不同的点胶方式，对实现有效底部填充至关重要。

目前，常见的点胶方式主要有三种：L 形、一字形和 U 形，如图 3-48 所示。对于大间距、小规模器件，可以采用 L 形和 U 形点胶方式。随着面阵规模增大和像元尺寸减小，U 形点胶方式极易造成芯片内部产生空洞，通常采用一字形点胶方式，以实现填充胶的均匀流动[42]。

　　（a）L形　　　　　　　（b）一字形　　　　　　　（c）U形

图 3-48　常见的点胶方式

相较于其他类型的倒装焊芯片，红外焦平面芯片对底部填充效果有更高的要求，由于填充流动空间太小，经常会出现填充空洞或气泡。这些空洞或气泡的存在，不仅会降低器件的可靠性，而且会导致成像画面异常，影响器件的使用[45]。随着面阵规模增大、像元中心距减小，填充的通道变小、距离变长，很容易形成填充缺陷。这些填充缺陷会很清晰地呈现在制冷红外焦平面探测器的成像画面上，从而影响产品性能。图 3-49 所示是两种典型的底部填充异常导致的制冷红外焦平面探测器成像画面异常。

图 3-49　两种典型的底部填充异常导致的制冷红外焦平面探测器成像画面异常

通过对红外焦平面芯片进行截面解剖发现，成像画面异常处存在底部填充不充分的情况。如图 3-50 所示，在图像形成十字印迹处，填充胶在上、下两端间流过，中间存在填充缝隙；在图像形成空洞处，像元间隙中完全没有填充胶。

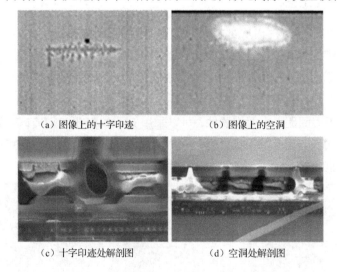

（a）图像上的十字印迹　　　　　（b）图像上的空洞

（c）十字印迹处解剖图　　　　　（d）空洞处解剖图

图 3-50　成像画面异常及其对应处解剖图

研究发现，导致上述两种底部填充异常的原因并不相同。

1）空洞

空洞的位置主要集中于点胶对侧或红外焦平面芯片边缘区域。这类异常产生的原因主要在于填充胶流动过程中的边缘效应导致填充胶在边缘的流动速度明显快于中间部分。图 3-51 所示为底部填充时形成空洞的机理。由于红外焦平面芯片两侧的填充胶流动过快，导致填充胶流至对侧区域时发生合围，于是形成空洞。

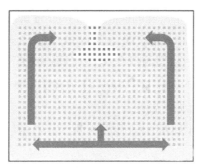

图 3-51　底部填充时形成空洞的机理

2）十字印迹

十字印迹的产生大多与红外焦平面芯片内部存在异物阻挡有关。此外，在上、下两端填充胶的表面张力差异也会导致填充胶在一侧流动过快，进而在台面间产生填充空隙。一般红外焦平面芯片内部有较大异物阻挡或台面缺失时都会影响胶的正常流动，易导致十字印迹的形成[46]。倒装焊工艺不可避免地会对红外焦平面芯片内部状态产生影响。因此，进行倒装焊互连前，红外焦平面阵列与读出电路的均匀性优化，以及红外焦平面芯片点胶前处理，对保证填充效果都很重要。

参考文献

[1] SMITH W J. Modern optical engineering[M]. New York: McGraw-Hill, 2000.

[2] ANTONI ROGALSKI. Infrared detector[M]. 2nd Edition. New York: CRC Press, 2011.

[3] ELLIOTT C T, GORDON N T. Handbook on semiconductors[M]. Amsterdam: North-Holland, 1993: 841-936.

[4] SHEPHERD F D. Silicide infrared staring sensors[C]. SPIE, 1988: 2-10.

[5] TING, DAVID Z Y, et al. Type-Ⅱ superlattice infrared detectors[J].

Semiconductors and Semimetals, 2011: (84): 1-57.

[6] DANIELS, ARNOLD. Field guide to infrared systems, detectors, and FPAs[C]. SPIE, 2010: 47.

[7] CIURA, et al. Low frequency noise spectroscopy of high operating temperature HgCdTe infrared detectors[C]. IOP Conference Series: Materials Science and Engineering，2016:12008.

[8] MARIO CABRERA. Development of 15 micron cutoff Wavelength HgCdTe detector arrays for astronomy[D]. New York: University of Rochester, 2020.

[9] 杨建荣. 碲镉汞材料物理与技术[M]. 北京：国防工业出版社，2012.

[10] MICHAEL A, KINCH. 50 Years of HgCdTe at texas instruments and beyond[C]. SPIE, 2009: 7298.

[11] I KIDRON, A KOLODNY. 碲镉汞离子注入结的性能[J]. 红外技术，1983(4): 5.

[12] 陈贵宾，等，HgCdTe 红外探测器离子注入剂量优化研究[J]. 物理学报，2004, 53(3): 911-914.

[13] WEISS E, MAINZER N. The Characterization of anodic fluoride films on $Hg_{1-x}Cd_xTe$ and their interfaces[J]. Journal of Vacuum Science and Technology A, 1988, 6(4): 2765-2771.

[14] PETER CAPPER. Narrow-gap Ⅱ－Ⅵ compounds for optoelectronic applications[M]. London: Chapman &Hall, 1997.

[15] SUN T, LI Y, CHEN X, et al. The dark current mechanism of HgCdTe photovoltaic detector passivated by different structure[C]. SPIE, 2005: 26-33.

[16] 虞丽生. 半导体异质结物理[M]. 2 版. 北京：科学出版社，2006.

[17] 王忆锋，等. 碲镉汞材料非本征掺杂研究的发展[J]. 红外，2012, 33(1):1-16.

[18] 李海滨,等. 中短波 HgCdTe 金属接触的退火研究[J]. 激光与红外,2011, 41(5): 542-547.

[19] WALTHER M, REHM R, FUCHS F, et al. 256×256 focal plane array midwavelength infrared camera based on InAs/GaSb short-period superlattices[J]. Journal of Electronic Materials, 2005, 34(6): 722-725.

[20] DELAUNAY P Y, NGUYEN B M, HOFFMAN D, et al. 320× 256 infrared focal plane array based on type－Ⅱ InAs/GaSb superlattice with a 12-μm cutoff wavelength[C]. SPIE, 2007: 6542.

[21] KLIPSTEIN P C, GROSS Y, ARONOV D, et al. Low SWaP MWIR detector based on XBn focal plane array[C]. SPIE, 2013: 8704.

[22] GURGA A R, NOSHO B Z, TERTERIAN S, et al. Dual-band MWIR/LWIR focal plane arrays based on Ⅲ-Ⅴ strained-layer superlattices[C]. SPIE, 2018: 10624.

[23] 黄敏. 新型 InAs/GaAsSb 二类超晶格长波红外探测器研究[D]. 北京：中国科学院大学，2019.

[24] 许佳佳，陈建新，周易，等. 320×256 元 InAs/GaSb 二类超晶格长波红外焦平面探测器[J]. 红外与毫米波学报，2014, 33(6): 4.

[25] LEE R E. Microfabrication by ion-beam etching[J]. Journal of Vacuum Science and Technology, 1979, 16(2): 164-170.

[26] CANTAGREL M, MARCHAL M. Argon ion etching in a reactive gas[J]. Journal of Materials Science, 1973, 8(12): 1711-1716.

[27] POPOV O A. Characteristics of electron cyclotron resonance plasma sources[J]. Journal of Vacuum Science & Technology A, Vacuum, Surfaces, and Films, 1989, 7(3): 894-898.

[28] HUANG E K, NGUYEN B M, HOFFMAN D, et al. Inductively coupled plasma etching and processing techniques for type-Ⅱ InAs/GaSb superlattices infrared detectors toward high fill factor focal plane arrays[C]. SPIE, 2009: 7222.

[29] NGUYEN J, HILL C J, RAFOL D, et al. Pixel isolation of low dark- current large-format InAs/GaSb superlattice complementary barrier infrared detector focal plane arrays with high fill factor[C]. SPIE, 2011: 7945.

[30] XU J, XU Z, BAI Z, et al. Effects of etching processes on surface dark current of long-wave infrared InAs/GaSb superlattice detectors[J]. Infrared Physics & Technology, 2020(107): 103277.

[31] WEI Y, HOOD A, YAU H, et al. High-performance type-Ⅱ InAs/GaSb superlattice photodiodes with cutoff wavelength around 7μm[J]. Applied Physics Letters, 2005, 86(9): 091109.

[32] GREIN C H E, FLATTÉ M T, OLESBERG J A, et al. Auger recombination in narrow-gap semiconductor superlattices incorporating antimony[J]. Journal of Applied Physics, 2002, 92(12): 7311-7316.

[33] GIN A, WEI Y, BAE J, et al. Passivation of type-Ⅱ InAs/GaSb superlattice

photodiodes[J]. Thin Solid Films, 2004(447-448): 489-492.

[34] LI Q, FANG W, PENG W, et al. Enhanced performance of HgCdTe midwavelength infrared electron avalanche photodetectors with guard ring designs[J]. IEEE Transactions on Electron Devices, 2020(67): 542-546.

[35] HOOD A M, RAZEGHI H, AIFER E J, et al. On the performance and surface passivation of type-Ⅱ InAs/GaSb superlattice photodiodes for the very-long-wavelength infrared[J]. Applied Physics Letters, 2005, 87(15): 151113.

[36] BANERJEE K, GHOSH S, MALLICK S, et al. Electrical characterization of different passivation treatments for long-wave infrared InAs/GaSb strained layer superlattice photodiodes[J]. Journal of Electronic Materials, 2009, 38(9): 1944-1947.

[37] HUANG J, MA W, CAO Y, et al. Mid wavelength type-Ⅱ InAs/GaSb superlattice photodetector using SiO_xN_y passivation[J]. Japanese Journal of Applied Physics, 2012(51): 074002.

[38] 张舟, 汪良衡, 杨煜, 等. InAs/GaSb 二类超晶格中长波双色红外焦平面器件研究[J]. 红外技术, 2018, 40(9):5.

[39] TAN B, CHENG S, LIU B, et al. Effective suppression of surface leakage currents in T2SL photodetectors with deep and vertical mesa sidewalls via TMA and H2 plasma combined pretreatment[J]. Infrared Physics & Technology, 2021(116): 103724.

[40] 金鑫. 倒装芯片封装中底部填充技术的分析与优化[D]. 南京：东南大学，2020.

[41] 秦苏琼, 王志, 吴淑杰, 等. 芯片底部填充胶的应用探讨[J]. 电子工业专用设备，2017(4): 4.

[42] 黄玥, 闫峰, 孙晋先. 底部填充对 BGA 封装的可靠性研究[C]. 船舶电子自主可控技术发展学术年会，2019.

[43] 甘禄铜, 刘鑫, 李勇. 底部填充胶及其环氧树脂的技术现状与趋势分析[J]. 中国胶粘剂，2022, 31(1):6.

[44] 陈志健, 王剑峰, 朱思雄. 底部填充固化程序对固化后产品微气孔的影响[J]. 电子与封装，2021, 21(9): 19-23.

[45] 蒋伟杰, 姚兴军. 球形焊点三角形排列倒装芯片底部填充的能量法研究[J]. 半导体技术，2021, 46(7): 7.

第4章　制冷红外焦平面探测器封装技术

　　制冷红外焦平面探测器封装是利用高真空绝热原理来保证红外焦平面芯片需要的低温环境，同时为芯片提供真空环境，避免芯片受污染、结霜，同时为整机提供所需要的光学、电学、机械接口，为制冷机提供所需要的热力和机械接口。金属杜瓦封装是目前最主要的制冷红外探测器封装形式。为了进一步提高制冷红外焦平面探测器性能，增强其对环境的适应能力，人们投入巨资研制大面阵凝视型红外焦平面芯片（IRFPA）。随着红外焦平面芯片像元增多、尺寸变大，杜瓦的热负载增加，于是制冷机的功耗增大，制冷红外焦平面探测器的体积和质量也都相应增大，这成为制约大面阵红外焦平面芯片应用的一个重要因素。随着制冷红外焦平面探测技术的不断发展，其封装技术向体积小、质量轻、可靠性高、环境适应性强等方向发展。

　　本章围绕杜瓦封装技术展开，首先对杜瓦封装进行概述，然后重点介绍杜瓦封装的设计、工艺与可靠性评价。

4.1　杜瓦封装概述

4.1.1　杜瓦封装的功能

　　制冷红外焦平面探测器由特定材料在衬底上生长成的光敏元阵列、COMS 读出电路、杜瓦、制冷机等组成，其制备工艺复杂，生产环境要求高（均需洁净的环境）。金属杜瓦封装的通用结构见图 1-10[1]。杜瓦主要由冷指、外壳、陶瓷引线环、冷屏、窗片、红外焦平面芯片、陶瓷基板、滤光片、吸气剂等组成。其将红外焦平面芯片封装在高真空环境中，信号通过红外焦平面芯片—陶瓷基板—陶瓷引线环引出。冷头是红外焦平面芯片的安装载体和制冷的平台。

　　杜瓦封装主要实现以下功能[2,3]。

　　（1）提供制冷红外焦平面探测器的光学接口：根据红外焦平面芯片封装位置和制冷红外焦平面探测器的光学要求（F 数），对冷屏的光阑直径和高度进行设计，在实现光学匹配的条件下，将杂散光的干扰减至最小。

（2）提供良好的热力接口：一方面尽量增大器件安装面到杜瓦外壳的热阻，以减小漏热；另一方面尽量减小冷头至器件安装面的热阻，使器件工作于低温，同时还要保证安装面的温度均匀性。

（3）提供电学接口：实现器件电学信号的引出，在满足导线漏热的要求下，减小引线（尤其是电源线和地线）的电阻，减小引线回路面积，通过设计减小外界干扰源对器件的影响。

4.1.2 杜瓦封装的发展趋势

随着红外探测技术的不断发展，制冷红外焦平面探测器封装方式从玻璃-金属杜瓦、微型全金属杜瓦向全金属（光学部件和电学部件除外）的长线列或大面阵超大规模红外焦平面杜瓦/冷箱发展。早在 20 世纪 90 年代，美国、英国、法国、以色列等发达国家均在原有杜瓦制造技术的基础上，针对不同应用研制开发出用于封装红外焦平面阵列的杜瓦结构[4]。

随着封装技术与工艺水平的不断发展，实际应用对制冷红外焦平面探测器性能提出更多要求，如小型无人机、微纳卫星等多种微小型制冷红外焦平面探测器搭载平台的快速发展，对制冷红外焦平面探测器组件的体积、质量、功耗、性能提出了更严格的要求。制冷红外焦平面探测器封装向体积小、质量轻、可靠性高、环境适应性强等方向发展[5,6]。杜瓦作为制冷红外焦平面探测器的核心组成部分，其体积、质量需要严格限制，轻量化设计有利于降低成本，以及提高红外探测系统的环境力学的可靠性。杜瓦的小型化设计在保证杜瓦功能、性能和可靠性的前提下，可通过对制冷机接口、电学接口、光学接口、真空保持等功能模块的结构和装配工艺进行优化来实现。

目前，国内外在微小型、中等及超大规模制冷红外焦平面探测器组件封装中，多采用全金属（光学部件和电学部件除外）杜瓦封装。随着红外焦平面面阵规模不断增加，杜瓦在零部件尺寸增加的同时，质量也随之增加。杜瓦冷平台轻量化设计，采用密度较小的 Al_2O_3、AlN 及 SiC 陶瓷基板，使平台的质量大幅度减小。例如，美国 Teledyne 公司在 H2RG 碲镉汞制冷红外焦平面探测器研制中，采用的 SiC 陶瓷模块化封装，质量仅为 58g[7]；该公司在 H4RG-15 碲镉汞制冷红外焦平面探测器的研制中，也采用了 SiC 陶瓷模块化封装技术，模块总质量不超过 130g[8]。此外，通过杜瓦外形尺寸优化设计、杜瓦窗口座与外壳等零部件优化设计，以及使用 TC4 轻型材料，也可以减轻杜瓦的质量[9,10]。

随着制冷红外焦平面探测技术的应用越来越广泛，其工作环境也越来越复杂，这对其可靠性和环境适应性等提出了更高的要求。基于此，研究人员广泛开展制冷红外焦平面探测器组件结构及力学的可靠性试验、寿命试验，以及早期缺陷剔除试验等，以提高制冷红外焦平面探测器组件的稳定性、可靠性及环境适应性等[11]。

4.2　制冷红外焦平面探测器封装设计

4.2.1　结构设计

在制冷红外焦平面探测器中，杜瓦为红外焦平面芯片提供高真空的工作环境，将制冷机的冷量传递给红外焦平面芯片，并实现电学信号的引出。杜瓦结构设计以满足探测器的功能、性能指标为目标。下面以武汉高德红外公司生产的 320×256/30μm 制冷红外焦平面探测器的杜瓦设计为例（配旋转式斯特林制冷机）进行介绍。

根据制冷红外焦平面探测器的技术指标要求，分解得到杜瓦的技术指标，如表 4-1 所示。

表 4-1　杜瓦的技术指标

功能和性能参数	冷指工作温度/K	≤100
	窗口	中波增透≥90%
	滤光片波长/μm	（3.7～4.8）±0.2
	冷屏 F 数	2
	适配制冷机	斯特林 RS058
	热负载（冷损）/mW（80K）	<300
	热质量/J（80K）	<500
外形结构参数	外形尺寸/mm	$\Phi40\times87$

下面根据相关技术指标要求和各零部件功能进行杜瓦的结构设计。其中关键的结构部件设计方案如下。

1．冷屏

冷屏是用来限制制冷红外焦平面探测器视场，抑制背景辐射和杂散光的关键零件，处于冷指、冷头、冷屏构成的悬臂梁末端。为了提高杜瓦的力学可靠性，可通过减薄冷屏的壁厚来减轻质量，同时考虑加工可行性，工程上一般采用镍钴材料电铸技术加工。为了更好地抑制背景辐射和杂散光，冷屏内表面会进行发黑处理。

冷屏 F 数的定义为

$$F数 = \frac{1}{2n\sin U} \tag{4-1}$$

式中，n 为光阑孔与焦平面之间系统所处环境的折射率，为了简化计算，一般取 $n=1$。

当入射光线通过光阑孔边缘到达制冷红外焦平面探测器的红外焦平面中心时，光路如图 4-1 所示。

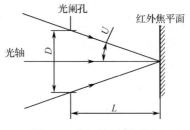

图 4-1 杜瓦光路设计图

在本方案中，红外焦平面到光阑孔的距离 L 为 19.8mm，光阑孔直径 D 为 10.55mm，满足冷屏 F 数为 2 的设计指标要求。设计完成的冷屏如图 4-2 所示。

2．冷指

冷指部件是杜瓦与制冷机的公用件，既是杜瓦的内胆，又是制冷机的气缸。为了提高力学性能，降低热导率，气缸选用钛合金材料，壁厚尽可能小；冷盘选用低膨胀合金（因瓦）。设计完成的冷指部件如图 4-3 所示。

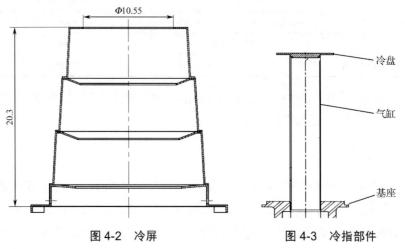

图 4-2 冷屏   图 4-3 冷指部件

3. 冷头

冷头是制冷红外焦平面探测器封装结构的重要组成部分：①作为红外焦平面芯片的装载面，将制冷机的冷量传递给红外焦平面芯片；②作为红外焦平面芯片与电学信号引出的过渡结构。

冷头由红外焦平面芯片、陶瓷基板和冷盘组成。冷头的设计主要考虑减小因热失配而在红外焦平面芯片材料内部产生的热应力，应依据热应力计算模型，合理设计冷头各层材料的面积和厚薄，以最大限度地减小红外焦平面芯片表面的应力，芯片衬底的最大应力值不应超过 30MPa[4]。根据红外焦平面芯片大小，设计陶瓷基板和匹配冷盘的直径。

如图 4-4 所示，按上述设计的杜瓦，红外焦平面芯片表面中线的热应力分布均匀，很好地缓解了由于热失配引起的红外焦平面芯片局部应力集中，其最大应力值约为 14.5MPa，满足设计指标要求。

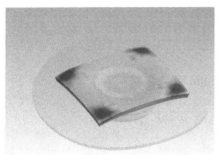
（a）应力分布

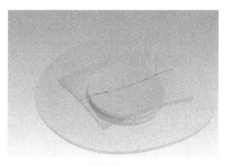
（b）中线的热应力分布

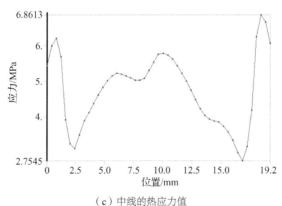
（c）中线的热应力值

图 4-4　红外焦平面芯片的应力

4. 陶瓷引线环

陶瓷引线环将红外焦平面芯片的电信号引至外部信号板。由于陶瓷和金属需要在高温下烧结成型，因此对陶瓷的成分要求极高。杜瓦为真空封装，因此需要保证烧结后的密封要求，以及焊盘和引脚的导通性。陶瓷引线环的尺寸和引脚数量需要根据红外焦平面芯片引脚定义和陶瓷基板尺寸进行设计。

最终设计完成的杜瓦三维模型如图 4-5 所示。

图 4-5　杜瓦三维模型

4.2.2　参数计算

1. 热负载计算

杜瓦的热负载主要由热传导耗热、热辐射耗热及对流耗热三部分构成。由于杜瓦内部为高真空环境，因此可忽略对流耗热。

1）热传导计算

根据傅里叶定律

$$Q_{\text{热传导}}=-\lambda \text{grad} T \tag{4-2}$$

材料传导走的热量与温度的梯度成正比，梯度各处的温度是位置 L 的函数，导热系数 λ 是温度 T 的函数。实际计算时采用简化公式

$$|Q_{\text{热传导}}|=\lambda A(T_2-T_1)/L \tag{4-3}$$

式中，λ 为材料在 $T_2 \sim T_1$ 下的平均导热系数（$W \cdot cm^{-1} \cdot K^{-1}$）；$A$ 为材料导热横截面积（cm^2）；L 为材料有效长度（cm）；T_2、T_1 分别为环境温度、工作温度（K）。

将冷指相关参数代入式（4-3），可得杜瓦的热传导耗热为 135mW。

2）热辐射计算

斯忒藩-玻耳兹曼定律可表示为

$$Q_{\text{热辐射}}=\sigma A T^4 \tag{4-4}$$

式（4-4）是一个黑体辐射公式，而杜瓦非黑体，有同轴圆筒结构，且夹层的两种材料不同，因此实际应用中的简化计算公式为

$$Q_{\text{热辐射}}=\sigma A(\varepsilon_1 T_2^4-\varepsilon_2 T_1^4)/2 \tag{4-5}$$

式中，σ 为斯忒藩-玻耳兹曼系数，$\sigma=5.71\times10^{-12}W \cdot cm^{-2} \cdot K^{-4}$；$A$ 为辐射体表面积（cm^2）；ε_1、ε_2 分别为材料 1、2 在不同温度下的辐射系数。

对杜瓦的窗口内壁及冷屏外表面做表面处理，可提高表面粗糙度，从而

减小材料表面的辐射系数，提高反射率，将热辐射耗热控制在 20mW 以内。

根据式（4-3）和式（4-5），结合杜瓦结构设计，可计算杜瓦的热负载指标为

$$Q_L = Q_{L1} + Q_{L2} + Q_{L3} = 145\text{mW} \qquad (4\text{-}6)$$

式中，Q_L 为杜瓦热负载；Q_{L1} 为冷指热传导耗热；Q_{L2} 为引线热传导耗热；Q_{L3} 为热辐射耗热。

计算得到杜瓦的热负载为 145mW，满足热负载<300mW 的技术指标要求。

2. 热质量计算

根据技术指标要求，杜瓦的热质量必须控制在 500J 的范围内。杜瓦热质量由装载的红外焦平面芯片热质量、Si 读出电路热质量和陶瓷基板热质量构成，即

$$Q_{总} = Q_{探} + Q_{Si} + Q_{基} \qquad (4\text{-}7)$$

式中，$Q_{总}$ 为杜瓦热质量；$Q_{探}$ 为红外焦平面芯片热质量；Q_{Si} 为 Si 读出电路热质量；$Q_{基}$ 为陶瓷基板热质量。

根据热质量简化理论，计算公式为

$$Q_{热} = Q_{300K} - Q_{80K} = C_{平均} M \Delta T \qquad (4\text{-}8)$$

式中，$C_{平均}$ 为材料热容平均值；M 为材料质量；ΔT 为温度差。

为保证制冷红外焦平面探测器封装后的热质量满足技术指标要求，必须严格控制探测器装载面的热质量，控制陶瓷基板的选材和结构质量，同时还应保证相应的机械强度和热适配要求。

表 4-2 列出了 ΔT=220K 的杜瓦热质量计算值，杜瓦热质量为 334.6J，满足技术指标要求。

表 4-2　ΔT=220K 的杜瓦热质量计算值

零件名称	材料	设计尺寸/mm	密度/kg·m^{-3}	体积/$\times 10^{-9}\text{m}^3$	比热容（20℃）/$\text{J·kg}^{-1}\text{·K}^{-1}$	热质量/J
冷盘	4J32	$\Phi 8.6 \times 1.4$	8100	67.8	420	50.7
陶瓷基板	Al_2O_3	$\Phi 21.6 \times 0.635$	3980	233	500	102
冷屏	镍钴合金	—	8900	166	460	149.5
滤光片	Ge	$\Phi 13 \times 0.3$	5320	39.8	332	15.5
硅电路	Si	—	2330	60	550	16.9
合计						334.6

4.3 杜瓦封装工艺

制冷红外焦平面探测器杜瓦封装工艺主要包括密封焊接工艺、粘接工艺、引线键合工艺、检漏工艺、除气及超高真空排气工艺[12-16]。杜瓦封装工艺流程图如图 4-6 所示。

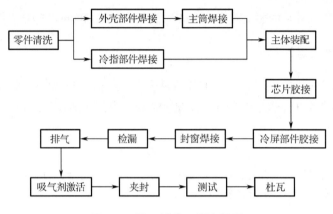

图 4-6　杜瓦封装工艺流程图

4.3.1 密封焊接工艺

杜瓦真空寿命是衡量杜瓦性能的重要指标，因此真空密封焊接是保证杜瓦真空度和长寿命的关键工艺。为了保证杜瓦零部件之间的焊接漏率尽可能小，并确保关键部件的焊接精度，合适的工装夹具、不同材料选用的焊接方式、焊接条件和工艺控制等都非常重要。杜瓦的外壳与绝缘子、窗框与排气管、冷指与冷盘均采用真空钎焊，吸气剂与外壳采用点焊，窗座部件与窗片采用软钎焊或共晶焊，冷指部件与外壳部件、外壳部件与陶瓷引线环、陶瓷引线环与窗口部件采用氮气保护激光焊，每个部件的焊接完成后均需要检测漏率（简称"检漏"；吸气剂与外壳部件焊接完成后需要检测导通性）。

1. 真空钎焊

真空钎焊主要应用于铜、镍、金、不锈钢、耐高温的合金的焊接，具有加热温度低、适应复杂形状与多焊缝、生产效率高等优点。杜瓦的密封材料具有多样性，有些金属不适合激光焊接，比如，绝缘子的陶瓷材料和外壳的不锈钢材料、钛合金和因瓦、钛合金和不锈钢、钛合金和可伐合金等焊接一般采用真空钎焊。杜瓦的真空密封性要求较高，这对钎焊设备及工艺提出了较高的要求[12-15]。

真空钎焊一般选用定制焊环，零部件在焊接前需要清洗处理。一般冷指部件（见图 4-7）、绝缘子和外壳（见图 4-8）、排气管和窗框（见图 4-9）等焊接会采用真空钎焊，焊接后均要进行检漏，以保证焊接处的气密性。

图 4-7　冷指部件实物图

图 4-8　绝缘子和外壳焊接实物图

图 4-9　排气管和窗框焊接实物图

采用真空钎焊有以下优势。

（1）适应不同母材的焊接，解决了钛合金和异种金属材料的焊接难题。

（2）真空环境可以避免焊料和产品的氧化。

（3）焊接条件可控，适合自动化批量生产。

（4）工艺稳定，焊接产品质量一致性好，经济实用。

2．激光焊接

激光焊接作为一种高质量、高精度、低变形和高效率的焊接方法，在机械制造、航空航天、汽车工业、粉末冶金、生物医学等方面，尤其是在电子封装领域得到了广泛应用[16,17]。激光焊接通过将高能量的激光束辐射至加工零件表面，实现零件局部熔化形成熔池，在短时间内使熔化金属相互填充空隙并快速冷凝，形成焊缝。根据激光功率密度，激光焊接可分为热导焊和深熔焊两种模式，如图 4-10 所示。在热导焊模式下，激光能量以热传导的方式向熔池内部传输，焊接熔池宽而浅；在深熔焊模式下，激光冲击作用较强，在熔池表面形成匙孔，焊接熔池窄而深[17]。

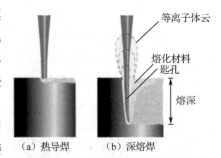

图 4-10　激光焊接的两种模式

制冷红外焦平面探测器的封装因加工零部件体积小、结构精密、对焊接强度要求高等，会优先选用激光焊接。激光焊接通过控制系统控制零件的运动，或者控制扫描振镜的偏转实现焊接，控制过程主要包括焊缝轨迹、激光焊接参数、快门控制和保护气体的控制[18]。激光焊接如图 4-11 所示，在焊接过程中，根据焊接零部件可焊接宽度和熔深的需求，可对激光束脉冲和能量进行调节，对焊缝轨迹也有不同的设计。激光焊接后的杜瓦主体实物图如图 4-12 所示。对于不同类型焊接零部件，可编制不同焊接宽度和熔深的程序，且该程序可以存储在设备的控制系统中，在切换同类型产品时可以直接调用。激光焊接适合自动化生产，可稳定地控制生产工艺。与传统的焊接方法相比，激光焊接具有以下优点。

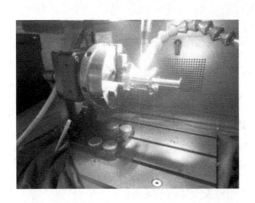

图 4-11　激光焊接

图 4-12　激光焊接后的杜瓦主体实物图

（1）激光束焦点直径小，功率密度高，热影响区小，焊接后的变形小，无须焊后矫形。

（2）激光焊接是非接触焊，无机械应力和机械变形，可焊接精密的零部件。

（3）可实现异种金属固熔焊接（已有可伐合金和不锈钢焊接的稳定工艺）。

（4）焊接一致性、稳定性好，一般无须填充金属和焊剂，无污染。

（5）具有高度柔性，易于实现自动化。

（6）可用计算机控制精确定位，实现任意形状的焊接，具有良好的工艺灵活性。

4.3.2　粘接工艺

杜瓦主体制备完成后，需要对陶瓷基板、红外焦平面芯片和冷屏等部件进行粘接。由于红外焦平面芯片一般在低于 100K 的温度下工作，所以要求粘接胶具有耐低温性强、膨胀系数低、导热率高、剪切强度大、固化后硬度高的特性。粘接过程要确保粘接稳固性，同时还需要考虑粘接的同轴度和平整度，必要时需要通过工装进行预固化，再进行真空烘烤，防止粘接胶在烘烤过程中流动而影响粘接效果。粘胶的烘烤注重时温等效性，即使是同类粘胶，在不同温度下的烘烤时间也不同。烘烤工艺一旦经过可靠性评估和验证确定，就不建议轻易改动，因为不同烘烤条件下的有机物残留含量是不一样的，会间接影响探测器的真空寿命。红外焦平面芯片一般不能耐受过高的温度，因此粘接胶的固化温度不宜过高。

杜瓦的红外焦平面芯片粘接实物图如图 4-13 所示。

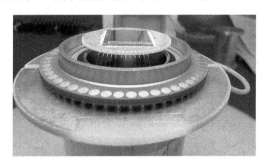

图 4-13　红外焦平面芯片粘接实物图

4.3.3　引线键合工艺

制冷红外焦平面探测器通过引线键合实现电学连接。红外焦平面芯片的信号通过金丝键合引出到陶瓷基板的金属焊盘上（见图 4-14），再通过陶瓷基板铂铱丝键合引出到陶瓷引线环上（见图 4-15）。最终，制冷红外焦平面探测器的信号通过陶瓷引线环与外界的信号板完成电信号传输。杜瓦的部分热负载来自电信号的引线，因此在满足强度的同时，材料的热导率也是设计引线必须考虑的因素之一[1,3,19-21]。

图 4-14　金丝键合实物图　　　　　图 4-15　铂铱丝键合实物图

在金、银、铜、铝四种金属中，金的导电性能最好，因此金丝是目前 LED 和 IC 芯片常用的键合材料，其具有电导率小、导热性好、韧性好、耐腐蚀性强等特点，在长度适当时具有很强的抗振动和冲击能力。铂铱合金具有高熔点、高硬度、高化学稳定性、较低的接触电阻，在使用条件和开关可靠性要求较高的航空航天领域是常用材料[22]。铂铱丝的热导率低于金丝，有利于减小杜瓦的热负载。一般选用 25μm 的铂铱丝作为陶瓷基板至陶瓷引线环的键合引线。

在引线键合工艺中，需要考虑键合的植球方式和劈刀切断后的鱼尾形态，不同植球方式的线弧抗振动能力不一样。在新产品开发过程中，需要对金丝和铂铱丝进行拉力测试、评估。同时，需要对金丝和铂铱丝的键合拉力进行抽样检验，以保证引线键合工艺的稳定性。

4.3.4　检漏工艺

为了保障金属杜瓦的真空寿命，在杜瓦封装过程中，必须对每道焊缝都进行检漏，因为焊接的质量直接影响封装的总漏率。一般选用超高灵敏度氦质谱检漏仪进行检漏。设计合适的检漏夹具和检漏方案十分重要，可保证检漏测试的有效性。检漏操作图如图 4-16 所示。

图 4-16　检漏操作图

据报道，当真空夹层容积为 18mL、终止真空度为 10^{-4}Torr、内有吸气剂时，漏率与真空寿命存在表 4-3 所示关系[23]。

表 4-3　漏率与真空寿命的关系

漏率/（STP·CC·He/S）	真空寿命
10^{-12}	15 年
10^{-11}	2 年

续表

漏率/（STP·CC·He/S）	真 空 寿 命
10^{-10}	70 天
10^{-8}	1 天

4.3.5　除气及超高真空排气工艺

杜瓦真空寿命除与漏率有关外，还与金属内壁、陶瓷材料、红外焦平面芯片等各种放气源有关，主要有气体的蒸发、扩散、渗透、解吸等，必须对杜瓦进行高温除气及超高真空排气，以提高其长期保持真空的能力，从而提高真空寿命[24,25]。漏率的控制通过密封焊接工艺和检漏工艺实现，而低放气的控制主要通过选择低放气率的材料、减小真空夹层内表面粗糙度和高温真空处理加速气体挥发实现。

在正常状态下，每种材料的表面都会吸附大量气体，非金属吸附能力比金属强。这些气体主要包括 H_2、H_2O、CO、CH_4、N_2。常温下已经清洗洁净的零件表面吸附最多的气体是 H_2 和 H_2O。气体的吸附量与零件表面积成正比，因此需要减小真空夹层内表面粗糙度，常用的手段有研磨、珩磨、量子钝化等[1,26]。

在杜瓦封装过程中，超高真空排气是保证杜瓦真空寿命的关键工艺。该工艺所采用的设备为超高真空排气台（见图 4-17），空载热态下，排气台的极限真空度通常可达 $10^{-7}Pa$ 以下，排气温度一般高于 80℃，排气时间一般在 10 天以上。由于杜瓦在夹封后，内部零部件和粘接胶仍然在不断放气，因此需要在杜瓦内部安装吸气剂来吸附这些气体，以维持杜瓦内部的高真空。吸气剂具有多孔结构，对气体具有物理吸附和化学吸附作用。在排气结束前激活吸气剂，去除吸气剂表面的钝化层，使其露出"新鲜"的表面，具备吸气能力。

图 4-17　超高真空排气台实物图

4.4　杜瓦可靠性评价

杜瓦的真空寿命直接影响制冷红外焦平面探测器的可靠性。杜瓦发生真空失效后，热负载增大，会导致制冷机无法制冷到红外焦平面芯片工作温度，使杜瓦窗口结霜，最终导致红外探测器无法正常工作。杜瓦真空失效主要由杜瓦漏气和杜瓦内部零部件放气导致。为保证杜瓦的真空寿命满足指标要求（通常大于 15 年），一方面要控制杜瓦漏率指标，另一方面要控制杜瓦内部放气。由于杜瓦在正常工作条件下的真空失效时间一般较长，因此主要采用加速寿命试验来评价杜瓦在常温下的真空寿命，即将温度作为加速应力。杜瓦腔体气体释放特性满足 Arrhenius 公式

$$K=A\exp[-E_a/(KT)]$$

式中，A 为常数，表征室温下放气率；E_a 为与解析能相关的激活能（eV）；K 为气体常数，$K=8.62\times10^{-5}$eV；T 为储存绝对温度（K）。

根据法国 Sofradir 公司的真空寿命计算模型，每 10℃的温升对应的加速因子近似为 2[27]。根据真空寿命计算公式

$$T=a^{\frac{T_n-T_0}{10}}n \tag{4-9}$$

加速因子 $a=2$，$n=1$，设常温 $T_0=20℃$，当杜瓦在 $T_n=70℃$ 下储存时，真空寿命 $T=2^5=32$。武汉高德公司生产的 320×256/30μm 制冷红外焦平面探测器的杜瓦常温真空寿命试验步骤如下。

（1）随机抽取 6 只同批次杜瓦。

（2）初次测量其冷损为 H_0。

（3）将该 6 只杜瓦样本放入恒温箱，在 70℃下进行长期高温储存，每间隔 7 天测量杜瓦的冷损值 H_N。

（4）当冷损变化率 R 超过 25% 时，判定杜瓦真空失效，停止试验。

冷损变化率 R 的计算公式为

$$R=[(H_N/H_0)-1]\times100\%$$

式中，R 为冷损变化率；H_0 为初始冷损值；H_N 为第 N 次测量的冷损值。

试验结果如图 4-18 所示，6 只杜瓦在 70℃下储存 252 天均未失效。通过上述公式计算得到该批次杜瓦

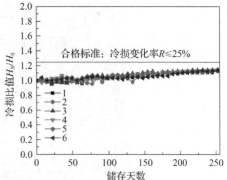

图 4-18　杜瓦在 70℃下储存的冷损变化

拥有超过 20 年的常温储存真空寿命。

参考文献

[1] 仰叶，朱魁章，刘婷，等. 红外探测器封装技术[J]，低温技术，2010 (38)，12: 4-5.

[2] 杜彬，仰叶，朱魁章，等. HgCdT e256×256 用制冷杜瓦集成组件的研制[J]. 低温与超导，2005, 33(1): 65-67.

[3] 王小坤，朱三根，龚海梅. 星用红外探测器封装技术及其应用[J]. 红外，2005(11): 13-18.

[4] 李俊. 超大规模线列红外焦平面杜瓦封装关键技术研究[D]. 上海：中国科学院上海技术物理研究所，2021.

[5] 张磊，王冠，付志凯. 红外探测器杜瓦的小型化设计方法[J]. 红外，2020, 41(9): 15-16.

[6] 方志浩，张磊，付志凯，等. 非真空制冷型红外探测器小型化封装技术[J]. 红外，2021, 42(9): 21-25.

[7] BLANK R, ANGLIN S, BELETIC J W, et al. H2RG focal plane array and camera performance update [C]. SPIE, 2013: 1-16.

[8] BLANK R, BELETIC J W, COOPER D, et al. Development and production of the H4RG-15 focal plane array[C]. SPIE, 2012: 1-10.

[9] LUTZ H, BREITERA R, EICH D, et al. Small pixel pitch MCT IR-modules[C]. SPIE, 2016: 1-17.

[10] LUTZ H, BREITER R, EICH D, et al. Ultra-compact high-performance MCT MWIR engine[C]. SPIE, 2017: 1-10.

[11] 龚海梅，张亚妮，朱三根，等. 红外焦平面可靠性封装技术[J]. 红外与毫米波学报，2009, 28(2): 5-86.

[12] 俞国良，郑丽娟，王开元. 半导体制冷器与探测器杜瓦瓶钎焊的实验研究[J]. 激光与红外，1993, 23(4): 40-57.

[13] 杨保琳，张强，任啟森，等. 钎焊工艺对 SiC/Kovar 真空钎焊接头组织与性能的影响[J]. 真空科学与技术学报，2021, 41(10): 952-958.

[14] 张绪锐，时作玲，牟晨飞，等. 钎焊温度对 TC4 钛合金真空钎焊接头组织和力学性能的影响[J]. 热加工工艺，2020, 51(17): 22-26.

[15] 王成君，杨晓东，靳丽岩，等. 红外探测器薄壳杜瓦组件的瞬态钎焊热

场分析[J]. 电子工艺技术，2021, 42(5): 264-270.

[16] 乐子玲，朱魁章，汪韩送，等. 微型金属杜瓦的激光焊接技术[J]. 低温与超导，1997, 25(1): 13-16.

[17] 郝新锋，朱小军，李孝轩，等. 激光焊接技术在电子封装中的应用及发展[J]. 电子机械工程，2011, 27(6): 43-45.

[18] 倪瑞毅，赵子钰，王九龙，等. 李永华气密封装激光焊接结构与工艺设计[J]. 机电技术，2021, (6): 56-64.

[19] 汪洋，赵振力，莫德锋，等. 红外探测器组件封装中的引线特性研究[J]. 红外，2018, 391(2): 8-13.

[20] 袁羽辉，刘杰，付志凯. 楔焊和金丝球键合参数对键合拉力的影响[J]. 红外，2020, 42(3): 24-28.

[21] 袁羽辉. 楔焊焊点间的高度差对引线强度的影响[J]. 红外，2022, 42(2): 40-43.

[22] 效雨辰，唐会毅，吴保安，等. 铂铱合金的应用现状[J]. 功能材料，2020, 5(51): 5053-5059.

[23] 闫浩，朱魁章，仰叶. 一种非制冷红外探测器真空封装的研究[J]. 制冷技术，2012, 40(11): 33-35.

[24] 李建林，刘湘云，朱颖峰，等. 红外焦平面探测器杜瓦组件真空失效及其检测方法[J]. 红外与激光工程，2015, 44(10): 2874-2876.

[25] 张亚平，刘湘云. 红外微型杜瓦真空退化特性研究综述[J]. 红外，2013, 34(2): 10-15.

[26] 葛树萍，朱颖峰. 红外焦平面杜瓦排气残余气体分析实验研究[C]. 第七届全国低温与制冷工程大会论文集，2005: 164-173.

[27] 石新民，莫德锋，范崔，等. 红外探测器杜瓦真空寿命研究进展[J]. 真空与低温，2021, 27(6): 572-580.

第5章 制冷红外焦平面探测器用制冷机技术

目前，制冷红外焦平面探测器中的红外焦平面芯片需要在一定的温度条件下工作，才能呈现较好的性能，且在一定范围内，温度越低，性能越好。例如，硫化铅和硒化铅制冷红外焦平面探测器可在室温条件下正常工作，但在 195K（-78℃）温度下有更好的响应度；锑化铟和碲镉汞制冷红外焦平面探测器的禁带宽度很小，需在 77K 的低温条件下才可较好地工作。与此同时，制冷红外焦平面探测器在工程化应用中的尺寸、质量、功耗、可靠性等关键指标与制冷机（器）密切相关。因此，在研制制冷红外焦平面探测器时，必须采用合适的制冷技术，以满足应用需求。制冷红外焦平面探测器常用的制冷机（器）主要包括旋转斯特林制冷机、线性斯特林制冷机、节流制冷器、脉管制冷机等。

本章主要基于地面战术应用需求，介绍制冷红外焦平面探测器用制冷机相关技术。

5.1 制冷红外焦平面探测器用制冷机（器）分类

如图 5-1 所示，制冷红外焦平面探测器用低温制冷机（器）主要包括旋转斯特林制冷机、线性斯特林制冷机及节流制冷器[1,2]，其技术特点、核心指标及其常用平台如表 5-1 所示。

（a）旋转斯特林制冷机　　　　（b）线性斯特林制冷机　　　　（c）节流制冷器

图 5-1 制冷红外焦平面探测器用制冷机（器）

表 5-1　各类低温制冷机（器）的技术特点、核心指标及常用平台

类　别	技术特点	核心指标	常用平台
旋转斯特林制冷机	可连续工作，集成度高，效率高	工作温区、制冷量、功耗、尺寸、振动、噪声、可靠性	机载、手持热像系统
线性斯特林制冷机	可连续工作，振动小，可靠性高	工作温区、制冷量、功耗、尺寸、振动、噪声、可靠性	机载、监控类热像系统
节流制冷器	体积小，制冷快	制冷时间、蓄冷时间、尺寸、可靠性	弹载热像系统

5.2　旋转斯特林制冷机

旋转斯特林制冷机采用旋转电动机驱动，通过曲柄-连杆机构将主轴的旋转运动转化为活塞的直线运动，使得工质气体在压缩腔、蓄冷器和膨胀腔之间往复运动，从而产生制冷效应。旋转斯特林制冷机具有结构紧凑、体积小、质量轻、效率高等优点。

旋转式斯特林制冷机在国外主要生产厂商包括以色列的 RICOR 公司和法国的 THALES 公司，它们均推出了系列化产品。近些年来，国内的多家制冷机研究机构，如武汉高德红外公司、中国兵器工业集团 211 所、中国电子科技集团 11 所，先后推出了各自的旋转斯特林制冷机系列产品，用于各类制冷红外探测器的研制，并大量用于军事武器装备。

5.2.1　旋转斯特林制冷机设计

旋转斯特林制冷机设计主要包括热力学设计、结构设计、旋转电动机设计和驱动控制器设计四个方面。

热力学设计是旋转斯特林制冷机设计的第一步，是指基于设计目标中的制冷量、功耗等要求，通过一定的仿真建模得到最优的热力学参数（如活塞直径、活塞行程、频率、充气压力等），同时输出所需的动力参数作为旋转电动机的设计输入；结构设计是指基于热力学设计的活塞直径、活塞行程、充气压力等参数，完成制冷机的主轴设计、传动机构设计、活塞气缸摩擦副设计、机械接口设计及支撑密封结构设计等；旋转电动机设计是指基于热力学设计结果中的频率及动力参数要求，完成电动机的电磁和外形设计；驱动控制器设计是指基于电动机的驱动需求和制冷机的控温要求，完成驱动控制器的硬件和软件设计。

1．热力学设计

热力学设计主要是采用模块化编程分组件建模，形成整机的热力学模型；同时利用系列经验参数来弥补一维模型对制冷机内多维效应模拟的不足；最后通过牛顿迭代法实现制冷机非线性控制方程组的迭代求解，实现在整机范围内制冷机几何参数及运行参数的优化设计。制冷机的建模设计流程图如图 5-2 所示，根据设计指标和结构尺寸的要求，输入初始的几何参数及运行参数，以最大制冷系数 COP（Coefficiency of Performance）为目标进行优化设计，得到最优的几何参数及运行参数[3]。热力学设计考虑的参数主要包括频率、充气压力和关键位置间隙密封。

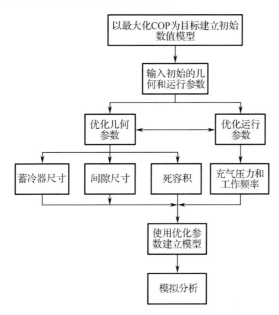

图 5-2　制冷机的建模设计流程图

2．结构设计

旋转斯特林制冷机的结构分为压缩机和膨胀机两部分。其中，压缩机由直流无刷电动机、压缩活塞气缸、大底座、转轴、轴承和连杆等组成；膨胀机主要由连杆、推移活塞气缸及冷指等组成。结构设计主要包括结构外形设计和动平衡设计。

旋转斯特林制冷机典型结构如图 5-3 所示。其外形采用典型的集成式结构形式，驱动控制器内置于旋转电动机定子，驱动电动机转子转动；压缩活塞气缸和推移活塞气缸分别装配在电动机转轴的偏心轮上，并呈 90° 布置，转轴转动时通过曲柄-连杆机构将旋转运动转化为直线往复运动；压缩活塞气缸和推移活塞气缸装配在同一大底座组件上。制冷机工作时，内部充注高纯氦气，电源与驱动控制器连接，启动电源开关，驱动控制器发出驱动信号，电动机带动转轴沿顺时针方向转动，活塞压缩内部气体，产生振荡的压力波，与蓄冷器内部的丝网进行热量交换，产生制冷效应。

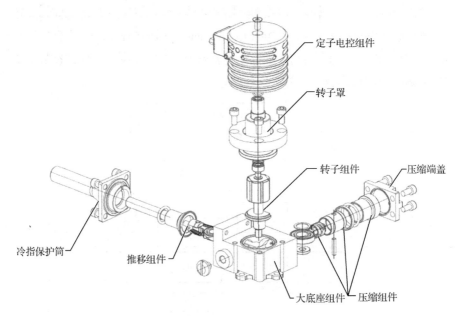

图 5-3　旋转斯特林制冷机典型结构

在上述结构设计基础上，为保证制冷机的稳定可靠，需进行系统的动平衡设计。系统的不平衡主要源于电动机转轴上偏心轮的质心偏离中心，不可避免地存在旋转离心惯性力和往复离心惯性力，导致运动不平衡，引起振动噪声。通过在电动机转轴上设置配重块，可在一定程度上抵消系统的不平衡力。通过对制冷机内部曲柄-连杆机构进行受力分析可知，为尽可能减小不平衡力，该系统需：①压缩侧往复运动质量与推移侧往复运动质量尽可能接近；②配重块的质量和偏心角度要满足一定的要求[4]。

3．旋转电动机设计

旋转电动机使用永磁无刷直流电动机（简称 BLDC），它具有优良的调速性能，且通过电子元器件实现换向，解决了直流有刷电动机的机械换向装置产生的换向火花、可靠性低等问题；使用永磁体励磁替代电励磁，因而具有效率高、体积小、质量轻、动态响应快和转矩波动小等优点。因此，选用 BLDC 作为制冷机的首选电动机类型。旋转电动机设计的流程简图如图 5-4 所示。

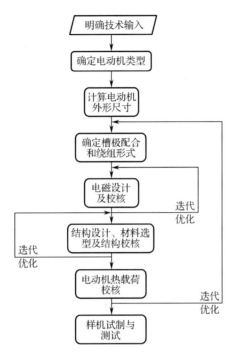

图 5-4　旋转电动机设计流程简图

BLDC 的主要尺寸可以通过所需最大电磁转矩和电负荷来确定，即

$$T_{em\,max} = \frac{\sqrt{2}\pi}{4} B_\delta L_{ef} D_i^2 A \times 10^{-4} \tag{5-1}$$

式中，$T_{em\,max}$ 为所需最大电磁转矩；B_δ 为气隙磁密基波幅值；L_{ef} 为电枢计算长度；D_i 为定子叠片内径；A 为定子绕组电负荷有效值。

电磁转矩 T_{em} 还可以表示为

$$T_{em} = \frac{P_{em}}{\Omega} = \frac{pP_{em}}{2\pi f_1} \tag{5-2}$$

式中，P_{em} 为电机电磁功率，在预估计算时可以认为等于额定功率 P_N；Ω 为转子角速度；p 为同步主磁场极对数；f_1 为单相绕组反电动势频率。

定子绕组电负荷有效值为

$$A = \frac{mNI_1K_{dp}}{P_w\tau_1} = \frac{2mNI_1K_{dp}}{\pi D_i} \tag{5-3}$$

式中，m 为电动机绕组相数；N 为电动机每相绕组串联匝数；I_1 为电枢电流有效值；K_{dp} 为绕组因数；τ_1 为电动机机械时间常数。

联立式（5-1）和式（5-2），可以推导出

$$D_i^2 L_{ef} = \frac{\sqrt{2} p P_{em} \times 10^4}{\pi^2 f_1 B_\delta A}$$ （5-4）

根据式（5-4），可以通过最大电磁转矩和电负荷确定电动机定子主要尺寸。

电动机转子的转动惯量可表示为

$$J = \frac{\pi}{2} \rho_{Fe} L_{ef} \left(\frac{D_i}{2}\right)^4 \times 10^{-7}$$ （5-5）

式中，ρ_{Fe} 为铁的密度。

假设根据电动机动态响应性能指标要求，在最大电磁转矩作用下，电动机在时间 t_b 内可由线性静止加速到设定转速 ω_b，则应满足

$$T_{emmax} = \frac{J \Delta \omega}{p \Delta t} = \frac{J \omega_b}{p t_b}$$ （5-6）

式中，p 为同步主磁场极对数。

联立式（5-1）、式（5-5）和式（5-6），可得

$$D_i = \sqrt{\frac{8\sqrt{2} p t_b B_\delta A}{\omega_b \rho_{Fe} \times 10^{-3}}}$$ （5-7）

根据式（5-4）、式（5-7）可以确定电动机的基本外形尺寸，作为后续设计依据。

电动机的绕组因数与绕组反电动势直接相关，绕组的短距系数和分布系数的减小都会导致绕组因数减小，从而影响电动机输出性能。选择较大的绕组因数可以获得更大的反电动势，从而减少用铜量和损耗，降低成本。电动机的绕组因数满足

$$K_{dp} = K_d K_p$$ （5-8）

$$K_d = \sin\left(\frac{y}{\tau} \cdot \frac{\pi}{2}\right)$$ （5-9）

$$K_p = \frac{\sin\left(\frac{q\alpha_1}{2}\right)}{q \sin\left(\frac{\alpha_1}{2}\right)}$$ （5-10）

$$\alpha_1 = \frac{P_w \times 360°}{Z}$$ （5-11）

式中，K_{dp} 为绕组因数；K_d 为短距系数；K_p 为绕组分布系数；α_1 为槽距电角度；y 为绕组节距；τ 为绕组极距；q 为定子每极每相槽数；Z 为槽数。

4．驱动控制器设计

1）电动机驱动设计

制冷机的动力元件为直流无刷电动机，驱动控制器的主要作用是保证电动机高效稳定运行。其工作原理为：驱动控制器根据位置传感器的信号获取转子位置信息，相应调整定子绕组的通电相序和通电电压，形成与转子有一定夹角的磁场以驱动转子旋转，如图 5-5 所示。

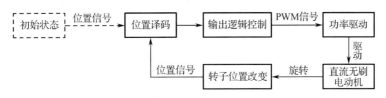

图 5-5　直流无刷电动机驱动原理框图

2）控温设计

驱动控制器采用闭环控制方式来确保冷端温度的精度和稳定性，根据冷端温度的反馈信息，经过 PID 运算调节相应输出控制量，改变电动机的工作状态，如工作电流、转速等，使冷端温度达到设定温度，并趋于稳定。其控温原理框图如图 5-6 所示。

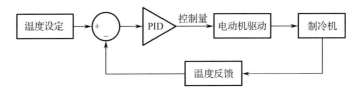

图 5-6　驱动控制器控温原理框图

PID 控制的输入是设定的温度值与反馈值的误差，P 是比例环节，将此误差放大；I 是积分环节，将此误差进行累积；D 是微分环节，对此误差进行微分处理，三者运算结果叠加就是 PID 控制器的输出。P 会影响制冷机的制冷时间，参数值越小则制冷时间越长；I 会消除静差，使温度的设定值和反馈值的差维持为 0；D 会减小超调，使调节的过程变得更平滑。PID 参数的调节需要针对具体制冷机实际调试，不合适的参数会影响制冷机的性能，导致其工作异常。

5.2.2　旋转斯特林制冷机制造流程及关键工艺

制造工艺是影响制冷机质量一致性、稳定性和可靠性的关键因素。旋转斯特林制冷机的制造流程图如图 5-7 所示。

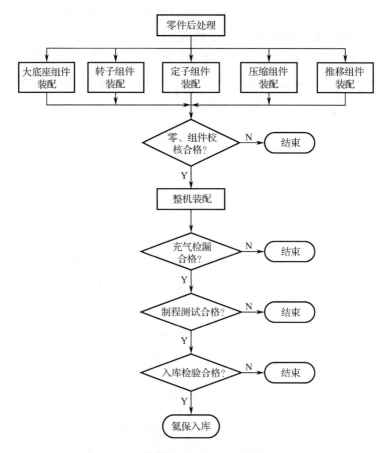

图 5-7　旋转斯特林制冷机的制造流程图

零件后处理是指零件从仓库领出至装配前的准备工作，主要通过清洗和烘烤等关键工艺，达到去除零件的表面油污、灰尘等异物，保证零件的表面洁净度，同时去除零件内部水汽的目的。根据零件材质的不同，要严格控制零件的清洗和烘烤方式，如大底座、蓄冷丝网等的零件需要经过长时间高温和真空烘烤去除水汽，O 形圈、T 形圈等需要用丙酮去除表面油污。

组件装配是指将零件装配为具有一定功能的组件。主要包括以下组件。

（1）大底座组件：制冷机的支撑部分。

（2）转子组件：传动主轴及配重结构。

（3）定子组件：动力来源。

（4）压缩组件：压缩机的核心传动部件与大底座组件装配组成压缩腔。

（5）推移组件：膨胀机的核心部件，功热转化的关键部件。

图 5-8　各组件实物

为了提高各组件之间的互配性，组件装配需要严格控制装配工艺参数。典型的关键工艺包括轴承粘胶工艺、过盈压配工艺、丝网填充工艺和焊接工艺等。

为了保证组件装配的一致性，各关键工艺过程都需要制定严格的控制标准，如各零、组件的位置、粘接强度和丝网填充长度等。

零、组件校核和整机装配是指校核零、组件的装配参数，并按照一定的控制标准装配为整机的过程，按照先后顺序分别为压缩组件安装、推移组件安装、转子组件安装和定子组件安装。其关键工艺参数包括活塞气缸间隙、轴承隔圈厚度等。

制程测试包括空载测试、性能测试和环境适应性测试等。一方面通过制冷机电流的变化，判断制冷机的装配状态；另一方面通过这些测试对制冷机进行磨合，提高制冷机机械结构运行的顺畅度。

5.2.3　旋转斯特林制冷机可靠性设计

旋转斯特林制冷机的主要失效形式包括机械卡死、性能衰减。机械卡死的主要原因是活塞、气缸磨损；而性能衰减的原因为工质泄漏和工质污染，引起效率下降。因此，旋转斯特林制冷机的可靠性设计主要包括耐磨涂层设计、除气工艺设计和高可靠性密封设计。

1. 耐磨涂层设计

旋转斯特林制冷机由旋转电动机驱动曲柄-连杆机构，不可避免地使活塞与气缸之间的运动摩擦副产生侧向力，摩擦副在干摩擦状态下极易磨损。因此，需要开发一种具有高硬度、低摩擦因数、高耐磨性及高化学稳定性的涂层，来解决摩擦副在极端环境中工作时易磨损的难题。目前主流的耐磨涂层包括 TiN 涂层、DLC 涂层、渗氮及自润滑涂层等。

2. 除气工艺设计

工质污染主要来源于结构件、清洗剂、粘接剂的放气。制冷机开机后，蓄冷器冷端向热端会形成低温到环境温度的梯度，杂质气体在蓄冷器冷端附近会逐渐液化或凝结，堵塞蓄冷器丝网，或者在蓄冷器和冷指之间形成卡塞，引起制冷机性能衰减或机械卡死。这些气体的放气量主要受到温度、分压及时间的影响。对于气体污染问题，可采用残余气体分析，确定杂质气体成分，通过优化烘烤工艺（时间、温度、真空度）实现有针对性的控制和改进。

3. 高可靠性密封设计

旋转斯特林制冷机采用高纯氦气作为制冷工质。工质压力是影响制冷机性能的关键参数，当工质发生泄漏而达不到额定压力时，制冷机性能随之衰减。因此，低泄漏率的高压密封设计对制冷机的可靠性至关重要。制冷机装配完成后，其内容积 V 是固定的，其泄漏率和内部压力变化可分别表示为

$$q = V \frac{\mathrm{d}P}{\mathrm{d}t} \qquad (5\text{-}12)$$

$$\mathrm{d}P = \frac{q}{V} \cdot \mathrm{d}t \qquad (5\text{-}13)$$

通常，制冷红外探测器的储存寿命 t 有一定要求，为保证制冷机性能不发生明显衰减，可根据式（5-12）和式（5-13）计算出相应的泄漏率要求。

为了满足该泄漏率要求，可采用金属垫片密封或 C 形弹性金属密封圈密封。金属垫片密封通过螺栓预紧发生大范围的弹塑性变形，堵塞密封面上的微小泄漏通道，从而实现低泄漏率。C 形弹性金属密封圈是一种自紧式密封圈，通过螺栓施加预紧力发生弹性变形，使密封圈与密封面产生面接触；同时，高压气体的压力使密封圈外表面与密封面的接触压力进一步增加，从而实现低泄漏率。

5.3 线性斯特林制冷机

如图 5-9 所示，线性斯特林制冷机主要包括线性压缩机和气动式膨胀机，二者通过中间连管形成气体流动通路。线性压缩机主要采用直线电动机驱动、柔性板弹簧支撑、活塞气缸动密封等关键技术实现高效、稳定运行；气

动式膨胀机则通过排出器的热动力学设计实现高效制冷。线性斯特林制冷机通过结构和动力学设计，消除了旋转斯特林制冷机在旋转运动转化为直线运动的过程中形成的侧向力，大幅度减小了活塞与气缸之间的磨损，有利于提高制冷机的可靠性。线性斯特林制冷机具有制冷效率高、振动噪声小、可靠性高等特点，近些年在制冷红外焦平面探测器上得到了越来越广泛的应用。

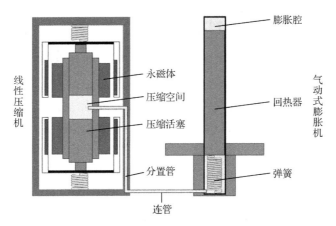

图 5-9　线性斯特林制冷机结构

为满足第二代制冷红外焦平面探测器发展的需求，美国国防部制定了 SADA（Standard Advanced Dewar Assembly）系列标准，已普遍用于美军武器系统。表 5-2 所示是 SADA 系列标准线性斯特林制冷机关键技术指标[5-8]。

表 5-2　SADA 系列标准线性斯特林制冷机关键技术指标

制冷量/W（77K/23℃）	0.15	0.6	1.0	1.5	1.75
制冷时间/min 80K@23℃（max）	2.5	8.5	13	8	5.5
输入功耗/W（max）	17	40	60	90	94
温度控制偏差/K	±0.5	±0.5	±0.5	±0.5	±0.5
工作电压/V	AC10.8	DC17～32	DC17～32	DC24～32	DC24～32
振动输出/lbf（max）	0.25	0.5	0.5/轴向 0.75	轴向 0.85	0.5
MTTF/h	4000	4000	4000	6000	4000
存储寿命/年	10	10	10	10	10
工作环境温度/℃	−32～+70	−32～+70	−32～+70	−32～+70	−32～+70

美国、法国、日本、荷兰、以色列等国家的线性斯特林制冷机产品广泛

应用于车载、机载、舰载、星载等平台的红外探测系统。国外制冷机研制机构，如以色列 Ricor 公司、德国 AIM 公司、法国 Thales 公司、美国 Cobham 公司等均已实现线性斯特林制冷机产品的系列化，积累了丰富的工程化应用经验。

国内线性斯特林制冷机研制工作从 20 世纪 80 年代开始，目前主要机构有高德红外公司、中国科学院上海技术物理所、中国电子科技集团 16 所、兰州空间技术物理研究所、昆明物理研究所、华中科技大学、西安交通大学等。

5.3.1 线性斯特林制冷机设计

线性斯特林制冷机设计主要包括热力学设计、直线电动机设计、结构设计及驱动控制器设计。通过将整机进行模块化分解建模，初步建立整机热力学模型得到运行参数（如充气压力、运行频率、压比及质量流等）。以连管入口的热力学参数为目标进行压缩机的设计，主要包括压缩机动力学设计及直线电动机设计。在确定压缩机关键参数及电动机结构后，需进行整机结构设计。在整个设计过程中，整机热力学设计、直线电动机设计及结构设计是相互关联的，需进行多次迭代优化。

1. 热力学设计

首先对斯特林制冷机模型进行简化。压缩机被简化为具有一定扫气容积的往复运动的活塞气缸模型，主要为制冷机提供压力波和质量流。压缩机根据结构通常分为单活塞模型或双活塞对置模型。膨胀机被简化为排出器活塞-弹簧-阻尼振子系统。制冷机热力学模型如图 5-10 所示。

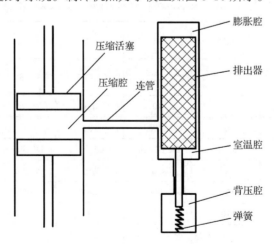

图 5-10 制冷机热力学模型

压缩机数值仿真模型包括背压腔、压缩活塞气缸、压缩腔三个部分。对于小型线性斯特林制冷机，为了兼顾制冷性能和可靠性要求，连通压缩腔和背压腔的间隙一般在微米级。压缩活塞气缸直径及行程决定了制冷机的扫气容积，也基本决定了制冷机的 PV 功，基本设计原则是大制冷量需要大扫气容积。对于制冷机，扫气容积、空容积、运行参数及膨胀机结构相同时，制冷性能就相同。因此，在设计时，可以先给定压缩活塞直径，据此优化其他参数，获得所需要的性能，然后根据扫气容积及空容积相同的原则，确定压缩活塞的直径和行程，获得最佳压缩机参数。

膨胀机数值模型包括热腔、蓄冷器、推移活塞气缸、背压腔及热沉。其中，推移活塞气缸呈阶梯轴结构，两端的尺寸参数不一样，因此应对大端和小端分别进行建模。

2．压缩机动力学设计

压缩机动力学设计的目的是确定与气动式膨胀机相匹配的线性压缩机参数，从而获得最佳的整机效率[9,10]。线性压缩机中的压缩活塞，在电磁推力的作用下，完成对气体做功的过程。在动子的运动过程中，系统除受到气体压力和电磁力的作用外，由于存在摩擦损耗，还存在机械阻尼。同时，谐振板弹簧还会在活塞的运动过程中提供一个回复力。根据以上分析，简化后的线性压缩机动力系统模型如图 5-11 所示，该系统的运动方程为

$$m\ddot{x}_c + F_{re} + F_k + F_g = F_e = F_0\sin\omega t \qquad (5\text{-}14)$$

式中，m 为动子质量；x_c 为动子行程；F_k 为弹簧力，$F_k=k_sx_c$，k_s 为板弹簧轴向刚度；F_g 为气体力，$F_g=\Delta P_cA_c$，ΔP_c 为压缩腔压力波幅值，A_c 为压缩活塞截面积；F_{re} 为机械阻尼力，$F_{re}=c_f\dot{x}_c$，c_f 为压缩活塞运动过程中的机械阻尼系数；F_e 为电机力，$F_e=F_0\sin\omega t$，$F_0=BlI_0$，B 为直线电动机气隙磁感应强度，l 为电动机的绕线总长度，I_0 为电流幅值。上述作用力之间的相位关系如图 5-12 所示。

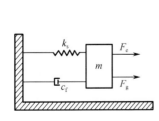

图 5-11　线性压缩机动力系统模型

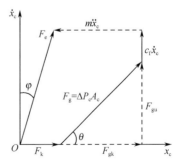

图 5-12　压缩活塞受力矢量图

该系统的固有频率为

$$f_\text{n} = \frac{1}{2\pi}\sqrt{\frac{k_\text{s}+k_\text{g}}{m}} = \frac{1}{2\pi}\sqrt{\frac{k_\text{s}+\Delta P_\text{c} A_\text{c}\cos\varphi/(2x_\text{c})}{m}} \qquad (5\text{-}15)$$

由式（5-16）可以看出，压缩机的固有频率 f_n 与 k_s、m、ΔP_c、出口压力波与位移波之间的夹角 φ、A_c 和 x_c 有关。由于 k_s 相对于气体弹簧刚度很小，因此对 f_n 的影响不明显，ΔP_c 和 φ 主要由膨胀机热力学设计确定，因此对 f_n 影响较大的参数是 m、A_c 和 x_c，可优化这三个参数，使压缩机达到谐振状态，从而实现效率最优。

3. 直线电动机设计

直线电动机主要可以分为动圈式、动磁式和动铁式三种，这主要是依据直线电动机中的运动部件来划分的。动磁式电动机近年来发展很快，主要是稀土永磁材料的成功开发和应用推广，特别是钕、铁、硼等高能永磁材料的迅速发展，推动了磁路设计，使得直线电动机可以设计得更加高效和紧凑。

直线电动机的设计流程图如图 5-13 所示，在完成压缩机的动力学设计后，可将其参数作为直线电动机的输入条件，通过电磁分析软件完成电动机磁场强度、铁芯饱和情况及比推力等参数的优化设计。

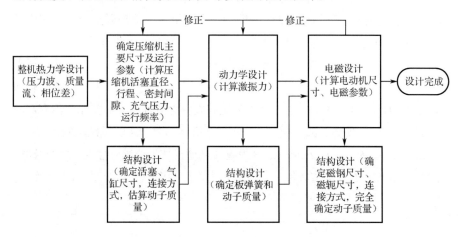

图 5-13　直线电动机的设计流程图

4. 结构设计

在膨胀机中，蓄冷器内置于排出器活塞中。排出器活塞是阶梯轴形结构，通过阶梯活塞将膨胀机的热端分为背压腔和热腔两部分，圆柱弹簧位于背压腔内。这种结构可通过阶梯轴对排出器振幅及相位进行调整。圆柱弹簧采用一体式机械加工方式制作而成，相比于传统的绕制弹簧，具有精度高、可靠性高的优势，能满足膨胀机长寿命的要求。

线性压缩机主要由电动机、运动部件、支撑部件等组成。当直线电动机、活塞和气缸的尺寸确定后，需针对压缩机的关键结构，如磁钢骨架、线圈骨架及气缸座，通过材料选择、结构优化及强度校核等进行轻量化设计。结构设计完成后，需对关键零部件进行应力分析和优化，应在减轻质量的同时保证强度。

5．驱动控制器设计

驱动控制器的工作原理框图如图 5-14 所示，由温度环和电流环进行双闭环控制。通过焦平面温度信号的采集和转换，并与预设的焦平面温度值进行比较，构成温度环（外环）控制，保证控温满足稳定性和精度的要求；通过电动机的电流信号的采集、分析，并与温度环的输出进行比较，构成电流环（内环）控制。

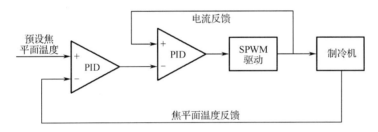

图 5-14　驱动控制器的工作原理框图

驱动控制器的系统组成框图如图 5-15 所示，主要由 DSP 芯片、功率驱动、电流采集、A/D 转换、板级测温、外置 EEPROM、通信串口和电源系统等组成。

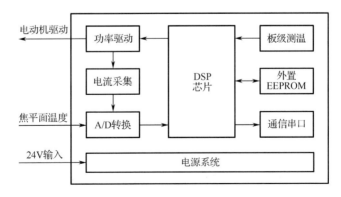

图 5-15　驱动控制器的系统组成框图

系统各部分的主要功能如下。

（1）DSP 芯片为系统的控制核心，主要功能为接收电流和温度的反馈信号，输出 SPWM 信号控制电动机的运行，同时监控制冷机的运行状态，向用户提供工作状态信息和异常反馈。

（2）功率驱动主要实现电动机的大电流驱动输出。

（3）电流采集主要实现电动机电流的检测和滤波。

（4）A/D 转换将模拟焦平面温度信号和电流信号转换成数字信号后传递给 DSP。

（5）板级测温主要用于监测工作环境的温度。

（6）外置 EEPROM 主要用于备份工作参数、状态信息等。

（7）通信串口主要作为与用户沟通信息的渠道。

（8）电源系统主要用 DCDC、LDO 等产生电源，以保障元器件正常工作。

直线电动机与旋转电动机的驱动方式和调节方式不同，输入交流电即可实现直线往复运动，调节交流电的幅值和频率，就可控制其运动行程和频率。为了输出交流电，需通过软件产生 SPWM 波（见图 5-16）将直流电逆变成交流电来驱动电动机。

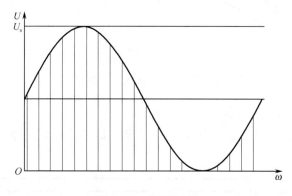

图 5-16　SPWM 波

本系统计划采用规则采样 PWM 法，其原理是在三角载波的峰值时刻采样正弦波调制信号，作为每个载波周期内 PWM 信号的开启时间，在每个载波周期结束时更新采样值。假设载波信号频率为 f_c，调制波信号频率为 f_m，载波比为 $N = f_c/f_m$，N 越大，波形的分辨率和精度越高。

SPWM 波主要通过 DSP 的事件管理模块、通用定时器和 GPIO 模块产生。DSP 输出两个相位相差为 π 的 PWM 波，幅值相同，极性相反。定时器的周期寄存器值由载波频率和时钟频率确定，设为 TCNT，则输出的 PWM 信号序列为

$$P_1 = \frac{\text{TCNT}}{2}\left[1 + M\sin\left(\frac{2k\pi}{N}\right)\right] \tag{5-16}$$

$$P_2 = \frac{\text{TCNT}}{2}\left[1 + M\sin\left(\frac{2k\pi}{N} - \pi\right)\right] \tag{5-17}$$

式中，M 为调制度，$M \le 1$；$k = 0, 1, 2, \cdots, N-1$。电动机两端的电压信号为

$$U_\text{M} = U_s M\sin\left(\frac{2k\pi}{N} - \frac{\pi}{2}\right) \tag{5-18}$$

5.3.2 线性斯特林制冷机制造工艺

线性斯特林制冷机主要包括压缩机组件、连管组件及推移组件。其中，压缩机组件主要包括磁钢、定子及气缸座；推移组件主要包括蓄冷器、推移活塞气缸等；连管组件通过钎焊将压缩机组件和膨胀机组件连通。组件装配流程图如图 5-17 所示。线性斯特林制冷机关键零部件实物图如图 5-18 所示。制冷机装配完成后会进行充气、检漏、烘烤及测试等流程。

线性斯特林制冷机整机测试流程图如图 5-19 所示，涉及的仪器和设备主要包括交流电源、直流电源、功率计、示波器、激光位移传感器、压力传感器、真空泵、低电阻测试仪、高斯计、数字采集系统和真空泵等，主要测试内容如下：

- 直线电动机气隙磁场、线圈电阻的高精度测试；
- 活塞位移幅值、压力波及其相位测试；
- 直线电动机电感、比推力等关键参数测试；
- 系统真空度及漏率测试；
- 制冷性能测试。

5.3.3 线性斯特林制冷机可靠性设计

1. 失效模式及优化措施

线性斯特林制冷机采用直线电动机直接驱动压缩活塞，省去了传动机构，电动机动子直接带动活塞进行往复运动，理论上可彻底消除侧向力。另外，非接触间隙密封、板弹簧支撑等关键技术的应用，使制冷机的可靠性显著提升。线性斯特林制冷机的主要失效模式有四种：活塞磨损、工质污染、工质泄漏、板弹簧疲劳断裂。其中，工质污染的形成机理、分析及控制措施与旋转斯特林制冷机一致，详见 5.2.2 节。因此，下面主要就其他三个模式展开介绍。

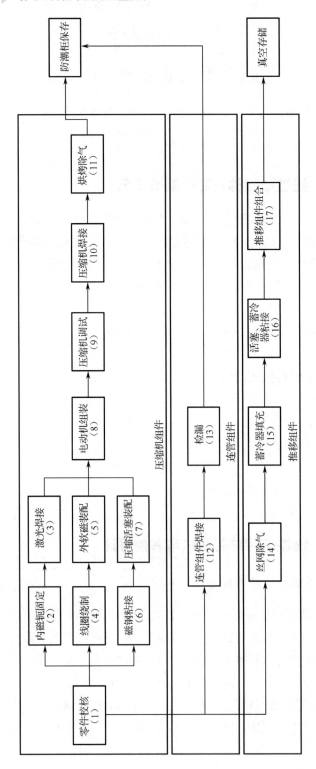

图5-17 线性斯特林制冷机组件装配流程图

图 5-18　线性斯特林制冷机关键零部件

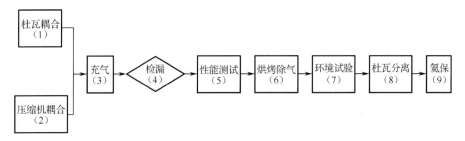

图 5-19　线性斯特林制冷机整机测试流程图

1）活塞磨损优化措施

磨损主要发生在动密封处。线性斯特林制冷机的动密封主要有两处，分别是压缩机活塞与气缸之间的密封、推移组件中的推移活塞和气缸之间的密封。压缩机的间隙动密封采用板弹簧支撑实现，因此要求板簧有较大的径向刚度。有限元设计的板弹簧，通过多片叠加安装，可以获得需要的径向刚度，控制压缩活塞的径向跳动，保证各处的间隙动密封，从源头上控制压缩活塞与气缸的磨损。另外，通过优化涂层材料及工艺，使摩擦因数降低，可有效减少活塞与气缸的磨损。对于推移活塞与气缸之间的磨损，可通过调整相关零部件和间隙的尺寸减小，理论上可实现两者不接触。严格控制相关零件的精度，在装配的过程中通过试验总结确定相关装配标准，从而避免由推移端磨损引起的失效。

2）高可靠性密封设计

泄漏是引起制冷机可靠性问题的关键因素之一，因此需要通过高可靠性密封设计使制冷机在有效工作寿命期内，泄漏微小到不致引起制冷失效。理论研究、结构设计、模拟仿真和相关试验证明，对制冷机充气后，当工作充气压力泄漏在一定范围内时，制冷机性能波动很小，结合制冷机内容积和寿命可计算出漏率要求。线性斯特林制冷机的压缩机通常采用激光焊接工艺来替代使用密封件实现密封，而膨胀机由于需与杜瓦耦合，通常采用金属密封

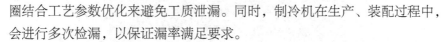

圈结合工艺参数优化来避免工质泄漏。同时，制冷机在生产、装配过程中，会进行多次检漏，以保证漏率满足要求。

3）高可靠性板弹簧设计

板弹簧在设计上进行了型线优化，消除了应力集中，使最大使用应力远低于其材料的疲劳应力，保证板簧不发生疲劳断裂。在线性压缩机运行过程中，板弹簧上会产生交变应力，交变频率为压缩机的驱动频率。为了满足板弹簧的长寿命设计，可采用有限元的方法对板弹簧应力进行分析，使板弹簧上产生的最大应力值小于其疲劳极限值。在给定板弹簧边界条件的情况下，板弹簧上的最大应力值及其对应的位置，是由板弹簧的型线、厚度及材料特性决定的。应力大小与板弹簧的厚度和杨氏模量成正比。

2．可靠性验证

从上述可靠性影响因素分析可知，泄漏和疲劳可以通过设计和工艺来控制，磨损和气体杂质污染是制约制冷机长寿命运行的两个关键失效模式，需通过试验进行验证。在进行磨损和气体污染的可靠性试验之前，制冷机应按以下规定进行应力筛选，将不合格产品剔除。制冷机按图 5-20 所示试验曲线进行应力筛选，应经受最少 12h 的筛选，T_H=71℃，T_L=-45℃，若未能通过制冷时间、制冷量、输入功率的常温性能测试，则认为失效。

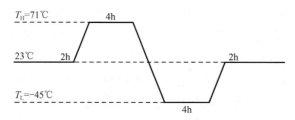

图 5-20　应力筛选试验曲线

磨损可靠性试验步骤如下。

（1）任取 2 台制冷机，放置于（23±1）℃恒温箱中，给制冷机施加不高于额定电压 $U_{额}$ 的电压（或不高于额定交流功率 $P_{额}$ 的功率）及额定制冷量 $Q_{额}$ 的恒定热负载。

（2）制冷机连续工作相关详细规范规定的时间（不得少于 MTTF 值 $t_{额}$ 的 1/15）。

（3）在试验过程中，每 24h 测量一次制冷温度。初始制冷温度为 T_0，试验过程中的制冷温度为 T_t，T_0、T_t 应不高于规定的制冷温度 $T_{规}$。每 24h 计算

一次制冷温度 T_t 随时间 t 变化的斜率 K_t，$K_t=(T_{t2}-T_{t1})/24$，并计算连续 9 个 K_t 的平均值 K_{tm}。

（4）在规定的时间内，$K_{tm}\leqslant(T_规-T_t)/(t_额-t)$ 表明制冷机工作到时间 $t_额$ 时，其制冷温度不高于 $T_规$。

气体污染可靠性试验步骤如下。

（1）任取 2 台制冷机，放置于高温箱中，不带热负载通电工作。工作时间符合相关详细规范规定。冷头温度控制为 $T_规$。设置合适的高温箱温度，如设置 85℃，加速系数为 23.08；设置 70℃，加速系数为 11.06。

（2）试验结束后，测试制冷机在常温（23±2）℃下的制冷量、输入功率，如果制冷量不小于 $Q_规/T_规$，且输入功率不大于 $P_额$，则认为在规定的运行寿命中，污染不会导致制冷机的性能失效。

5.4 节流制冷器

节流制冷器又称焦耳-汤姆逊（J-T）制冷器，是利用焦耳-汤姆逊效应获得低温的制冷器[11-15]。节流制冷器具有体积小、降温快、振动噪声小及无电磁干扰等特点，常用于弹用红外制导系统，如美国的 Stinger、俄罗斯的 Igla 等。

图 5-21 所示为制冷红外器件中最常见的节流制冷器结构，它是在一根芯管外螺旋缠绕一根热交换管，然后在热交换管的末端开一个节流喷嘴，高压气体流出节流喷嘴后迅速降压降温，在膨胀腔内达到设定制冷温度。

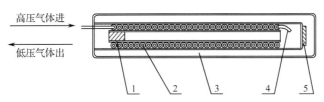

1—芯管　2—热交换管　3—杜瓦　4—节流喷嘴　5—红外焦平面芯片

图 5-21　节流制冷器结构

按流量调节方式，节流制冷器产品可分为固定孔式、自调式和主动调节式。固定孔式节流制冷器具有启动快、体积小、制作工艺简单等优点；自调式节流制冷器在固定孔式的基础上，增加了流量调节功能，具备耗气量小、蓄冷时间长等优点；主动调节式节流制冷器不受制冷工质特性影响，可实现较大温区范围的制冷。按供气方式，节流制冷器可分为开式和闭式。开式节流制冷器由高压储气器或高压气体钢瓶供气，具有不耗电能、结构简单、启动时间短、可靠性高等特点，适用于无须连续工作的系统。闭式节流制冷器将节流元件、换热器和气源设备等组成一个封闭的循环系统，可保证长期连续循环制冷，适用于长期使用的装置。

国内外主要节流制冷器生产厂商及其典型产品如表 5-3 所示。目前，固定孔式及自调式节流制冷器相关技术及工艺较为成熟，其中，开式固定孔式节流制冷器的应用最广泛，本节主要介绍此类节流制冷器。

表 5-3　国内外主要节流制冷器生产厂商及其典型产品

序号	国家	生产厂商	典型产品
1	法国	Thales Cryogenics	Fixed Orifice J-T、Self-Regulated J-T
2	法国	Air Liquide	Single flow J-T、Dual flow J-T、Metered J-T
3	斯洛文尼亚	Le-tehnika	Fixed Orifice J-T、Self-Regulated J-T、Active Controlled J-T
4	美国	HoneyWell	Fixed Orifice J-T、Dual Flow J-T、Demand Flow J-T
5	美国	Stat Global	Fixed Orifice J-T、Dual Flow J-T、Demand Flow J-T
6	中国	电子 11 所	Fixed Orifice J-T、Self-Regulated J-T
7	中国	电子 16 所	Fixed Orifice J-T
8	中国	昆明物理研究所	Fixed Orifice J-T、Self-Regulated J-T
9	中国	014 所	Fixed Orifice J-T、Self-Regulated J-T
9	中国	高德红外	Fixed Orifice J-T、Self-Regulated J-T

5.4.1　节流制冷原理

节流制冷技术以焦耳-汤姆逊效应为理论基础。由热力学基本原理可知

$$\alpha_{h} = \left(\frac{\partial T}{\partial p}\right)_{h} = \frac{1}{C_{p}}\left[T\left(\frac{\partial v}{\partial T}\right)_{p} - v\right] \tag{5-19}$$

式中，α_{h} 为微分节流效应，即气体在节流时工质单位压降 $\mathrm{d}p$ 所产生的温度变化。当压力变化为定值时，节流所产生的温度差叫作节流的积分效应，有 $T_{2} - T_{1} = \int_{p_{1}}^{p_{2}} \mu \mathrm{d}p$，由状态方程求得 $(\partial T/\partial p)_{h}$，并与气体的 T、v 一起代入式（5-19），即可得节流前后的温度变化。由于节流过程中压力下降 $(\mathrm{d}p < 0)$，所以若 $T(\partial T/\partial p)_{h} - v > 0$，则 α_{h} 取正值，节流后温度降低；若 $T(\partial T/\partial p)_{h} - v < 0$，则 α_{h} 取负值，节流后温度升高；若 $T(\partial T/\partial p)_{h} - v = 0$，则 $\alpha_{h} = 0$，节流前后温度不变。

节流后稳定不变的气体温度叫作转化温度，用 T_1 表示。已知气体的状态方程，利用 $T\left(\dfrac{\partial v}{\partial T}\right)_{\mathrm{p}} - v = 0$ 的关系，就可求出不同压力下的转化曲线。在 T-p 曲线上把不同压力下的转化温度连起来，就得到一条连续曲线，称为转化曲线，如图 5-22 所示。

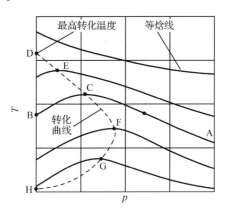

图 5-22　实际气体的转化曲线

转化曲线上温度最高的点对应最高转化温度，其对应的压力为零。当开始等焓膨胀的温度高于最高转化温度时，无论压力多高，等焓节流的结果都是温度升高，或维持温度不变。不同气体的最高转化温度如表 5-4 所示。其中，氮气、氩气的最高转化温度高于室温，可不通过预冷直接在常温下通过等焓节流实现温度的降低，二者的标准沸点分别为 77.3K 和 87.2K，且氮气和氩气的化学稳定性和安全性好，因此制冷红外焦平面探测器的节流制冷器多采用氮气和氩气作为制冷工质。

表 5-4　不同气体的最高转化温度

气体名称	转化温度/K	气体名称	转化温度/K
氨气	1994	氮气	621
二氧化碳	1500	空气	603
甲烷	939	氖气	250
氧气	761	氢气	205
氩气	794	氦气	40

5.4.2　微型节流制冷器设计

1．部件设计

节流制冷器主要包括换热器组件、节流装置、进气组件三大部分，如图 5-23 所示。

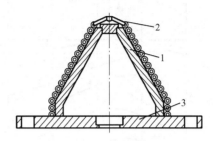

1—换热器组件　2—节流装置　3—进气组件

图 5-23　节流制冷器结构示意图

1）换热器设计

换热器的作用是完成节流前的高压正流气体与节流后的返流冷气体的换热，达到冷却高压正流气体、回收返流气体冷量、获得更低制冷温度的目的。换热器作为节流效应的放大器，其性能优劣对制冷系统至关重要，一般要求其效率在 96% 以上。目前，节流制冷器中的换热器主要以螺旋肋片管盘管结构形式为主，由外壁上焊有铜肋片的铜镍合金或不锈钢毛细管绕制而成。典型的换热器肋片管如图 5-24（a）所示，外径 d_1 为 0.5～1mm，内径 d_2 为 0.3～0.7mm，肋片节距 t 为 0.25～0.5mm。为减少冷损，用于盘绕肋片管的芯轴一般采用薄壁金属管或低导热的非金属管。芯轴的形状决定了换热器的形状，在相同的换热面积下，锥形结构比圆柱形结构的轴向长度短，在内、外气体换热充分的前提下，降温速度更快，也更便于与系统集成。因此，对于有快速启动要求的节流制冷器，通常采用锥形结构[15]。

盘绕肋片管的换热器与杜瓦耦合，换热器壁面与冷指壁面间形成低压返流通道，为保证换热性能，通常在换热器壁面与冷指壁面间增加具有一定弹性的尼龙线，如图 5-24（b）所示。

2）节流孔设计

节流孔是节流过程的核心，在结构上可视为喷嘴。节流孔尺寸设计需满足制冷器流量需求，即

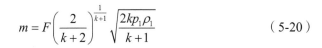

$$m = F\left(\frac{2}{k+2}\right)^{\frac{1}{k+1}}\sqrt{\frac{2kp_1\rho_1}{k+1}} \qquad (5-20)$$

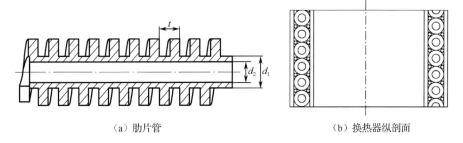

（a）肋片管　　　　　　　　（b）换热器纵剖面

图 5-24　螺旋肋片管换热器结构图

式中，p_1 为节流前气体压力；F 为节流孔出口截面积；k 为气体绝热指数；ρ_1 为节流前气体密度；m 为通过节流孔的最大流量。

节流制冷器的节流孔尺寸较小，通常采用极细钻头加工或激光加工。

3）进气组件设计

进气组件一方面提供高压制冷工质与换热器前的进气连接，另一方面提供节流制冷器与杜瓦耦合的机械接口。因此，进气组件设计需同时兼顾机械接口设计、高压承压性设计及密封性设计。

节流制冷器的使用需求使进气组件承压需大于 50MPa。进气组件的承压性由零件材料壁厚、零件前处理、零件焊接等方面进行设计保证。材料选型及尺寸设计应考虑余量。零件经过高低温去应力处理，可满足使用环境要求。零件焊接使用钎焊、激光焊等焊接工艺来满足承压需求。

2．关键技术参数优化

节流制冷器的核心参数为制冷时间和蓄冷时间，下面介绍这两个参数的优化方案。

1）制冷时间

完整的节流制冷系统包括节流制冷器、高压气瓶和杜瓦等部件。下面以优化制冷时间为目标，分别从气瓶容积、杜瓦热损失及换热器三个方面介绍其优化方法[15]。

（1）气瓶容积。

高压气瓶是开式节流制冷系统的重要组成部分，为制冷器提供制冷工质。气瓶出口的热力学参数即制冷器的进口参数，其容积的大小对制冷器性能影响较大。在实际应用中，气瓶容积受限于系统的尺寸，因此对气瓶容积的研究具有重要意义。

由节流过程可知，一方面，增大充气容积，可提高节流前的压力，相应地增大节流后工质气体的流量，为红外焦平面芯片等部件提供更多的制冷量。由节流前、后压力与制冷时间的关系 $\tau_1/\tau_2=(p_2/p_1)^{1.5}$（$\tau_1$、$\tau_2$ 分别为节流前、后的制冷时间，p_1、p_2 分别为节流前、后工质气体的压力）可知，提高充气容积可缩短制冷时间。另外，增大充气容积可以提高节流制冷器的进口压力，使节流后背压较高，制冷效率降低，制冷时间延长。另外，增大充气容积不仅使制冷器进口的工质气体压力提高，也使摩擦因子增大，从而压力损失增大，不利于提高制冷速率。因此，对节流制冷器的性能而言，存在最佳充气容积。

根据上述理论分析，针对充气容积开展相关的试验研究，结果如表 5-5 所示。在同一试验条件下，采用相同的杜瓦，两台节流制冷器的制冷时间随充气容积的变化均呈现相同的变化趋势，即随着充气容积的增大，先缩短后延长。当采用 25mL 气瓶时，两台制冷器的制冷时间均最短。

表 5-5 制冷时间随充气容积的变化

充气容积 /mL	制冷时间/s@100K	
	节流制冷器 1+杜瓦	节流制冷器 2+杜瓦
8	不能降至 100K	不能降至 100K
25	14.56	14.56
50	15.07	18.75
100	15.56	21.2

（2）杜瓦热损失。

由于在实际应用中，红外焦平面芯片封装在杜瓦内，而杜瓦的热损失、热质量和热阻是影响节流制冷器制冷的重要因素，因此研究杜瓦是缩短制冷时间的重要途径之一。

假设节流制冷器的制冷量为 Q_R，$Q_R=m\Delta h_{JT}\eta$。其中，m 为制冷工质的质量；Δh_{JT} 为制冷器的最大焓变；η 为制冷器的效率。又假设制冷器、冷指及其他探测器部件的热质量和热损失之和为 Q_S，为保证负载降温到设定温度，则必须满足 $Q_R \geqslant Q_S$。由能量守恒可得

$$Q = (Q_D + Q_C) + (Q_d' + Q_c' + Q_a')t \qquad (5\text{-}21)$$

式中，Q_D 为杜瓦冷头的热质量从常温到低温的焓变；Q_C 为制冷器的热质量

从常温到低温的焓变；Q_d' 为杜瓦的热损失，包括热传导、热辐射、热对流损失，即在时间 t 内从常温到低温的焓变；Q_c' 为制冷器的热损失，即在时间 t 内从常温到低温的焓变；Q_a' 为热负荷在时间 t 内从常温到低温的焓变。

由上述分析可知，为提高制冷器的制冷速率，即缩短制冷时间 t，应减小杜瓦的 Q_D 和 Q_d'。在减小 Q_d' 方面，热传导损失是重要的影响因素。根据傅里叶定律，即 $\varPhi = (\lambda A)\mathrm{d}T/\mathrm{d}x$（其中，$\varPhi$ 为热流密度；λ 为导热系数；A 为冷盘面积；$\mathrm{d}T/\mathrm{d}x$ 为杜瓦的温度梯度；T 为杜瓦的温度；x 为杜瓦的有效长度），应减小温度梯度，即减小单位长度上的温差，才能减小杜瓦的热损失。

同时，为适配优化后的杜瓦，应相应增加制冷器的长度，以减小其轴向温度梯度，即减小制冷器的热损失 Q_c'。

（3）换热器。

节流制冷器的换热器一般采用带肋片的毛细管呈螺旋状缠绕在芯轴上。肋片管与冷指之间的通道作为制冷工质的回流通道，达到冷却高压气体的目的。换热器的几何参数主要为肋片参数和螺旋参数，如图 5-25 所示。

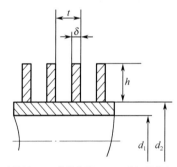

h—肋片高 δ—肋片厚 t—肋片节距 d_2—毛细管外径 d_1—毛细管内径

图 5-25 肋片管结构示意图

换热器肋片增加了回流冷气体的换热面积，其系数可用肋化系数 ψ 表示：

$$\psi = \frac{\text{加肋片后的表面积}}{\text{原表面积}} \tag{5-22}$$

即

$$\psi = \frac{\pi(d_2 + 2h)\delta + 2\pi\left[\dfrac{(d_2 + 2h)^2}{4} - \dfrac{d_2^2}{4}\right]}{\pi d_2(\delta + t)} = 1 + \frac{2h(d_2 + \delta + h)}{d_2(\delta + t)} \tag{5-23}$$

为进一步缩短制冷器的制冷时间，采用两种肋片形式进行对比试验研究。在影像仪下观察肋片管形态，如图 5-26 所示，其具体的几何参数如表 5-6 所示。利用矩形肋片管和圆形肋片管的几何参数计算得到的肋化系数分别为 3.91 和

1.59，即单位长度内采用矩形肋片管换热面积是圆形肋片管的 2.46 倍。

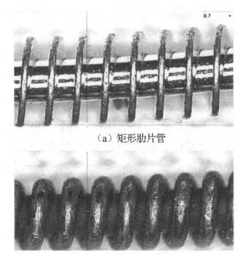

（a）矩形肋片管

（b）圆形肋片管

图 5-26　两种肋片管的形态

表 5-6　不同类型肋片管的几何参数

类型	d_2/mm	h/mm	δ/mm	t/mm
矩形	0.45	0.30	0.08	0.30
圆形	0.45	0.20	0.20	0.33

　　在换热器长度、螺旋参数等条件不变的情况下，采用上述两种肋片管制冷器的试验结果如图 5-27 所示，采用双层矩形肋片管增加换热面积后，制冷器的 100K 制冷时间由 5.33s 缩短至 4.57s。

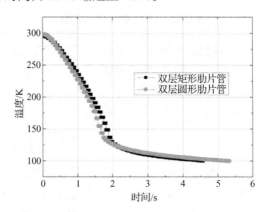

图 5-27　采用不同肋片管的制冷器降温时间曲线

2）蓄冷时间

节流孔是节流制冷器制冷循环的关键部件。而节流降温的效果与节流孔的阻力特性密切相关，见式（5-25）。节流的积分效应反映了节流前、后温度的变化特性，即在一定压降下，节流导致的温度升高或降低的幅度。

$$\Delta T = T_2 - T_1 = \int_{p1}^{p_2} \mu_{JT}\mathrm{d}p = \overline{\mu}_{JT}(p_2 - p_1) \tag{5-24}$$

式中，p_2、T_2 分别为节流后的工质压力、温度；p_1、T_1 分别为节流前工质压力、温度。

在节流前压力不高于转化压力的前提下，工质通过节流孔的阻力越大，节流产生的压降就越大，节流的积分效应就越大，即 ΔT 越大。积分效应的增大对提升节流制冷器的性能是有利的。因此，增大节流孔的阻力是提升节流制冷器性能的有效途径。另外，节流孔的阻力增大，不可逆损失也越大，节流循环的流量也受到限制，如图 5-28 所示。因此，节流孔的阻力分析对节流制冷器性能的提升具有重要意义。

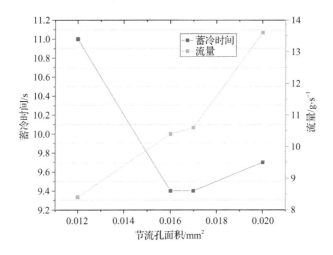

图 5-28 蓄冷时间和流量随节流孔面积的变化

为增大节流循环的流量，提升节流循环的制冷量，就要增大节流孔面积。而增大节流孔面积将导致节流孔的阻力减小，使节流制冷效果变差。在相同流通面积的情况下，多孔节流元件的孔径更小，其阻力大于单孔节流元件，因此其制冷性能更优，如图 5-29 所示。

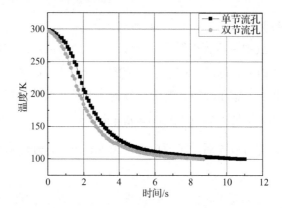

图 5-29　单节流孔与双节流孔的制冷时间比较

5.4.3　节流制冷器制造工艺

固定孔节流制冷器的制造工艺总图如图 5-30 所示，分为零件前处理工段、零件后处理工段、组件装配工段及整机装配工段。

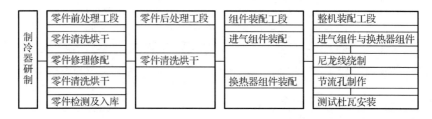

图 5-30　固定孔节流制冷器制造工艺总图

其中，组件装配工段包括进气组件装配和换热器组件装配。进气组件主要用于过滤气体工质中的杂质，并引导气体工质进入换热器组件（包含底部法兰、丝网和内法兰等）。换热器组件装配主要包含肋片管绕制、肋片管固定两道工序。换热器组件对制冷器的性能具有重要影响，肋片管绕制时应保证肋片均匀间隔。

整机装配工段包括进气组件与换热器组件的焊接、夹封，尼龙线绕制和节流孔制作等工序。其中，进气组件与换热器组件的焊接采用锡焊焊接方式，为保证焊接可靠性，可采用温度冲击的方式检验焊接强度。

5.4.4　节流制冷器可靠性设计及验证

开式固定孔节流制冷器主要的失效模式为冰堵，其主要原因包括气体纯度低、环境湿度高，其可靠性测试主要采用开关机来实现。在规定的条件下，启动节流制冷器，供气工作一段时间作为一个循环周期，累计工作规定的次数。

针对某款固定孔节流制冷器，可靠性测试方法为：以 50MPa 持续供气，开机 5min 后，关机 30min，交替进行 9 次，第 10 次采用 50MPa、30mL 固定容积供气，并记录制冷时间。以上述方法，10 次为一轮，连续进行 10 轮。表 5-7 所示为两台样机的可靠性测试结果，表明两台样机均无冰堵风险，可靠性满足要求。

表 5-7　某款节流制冷器的可靠性测试结果

轮次	样机 1			样机 2		
	制冷时间/s	最低制冷温度/K	蓄冷时间/s	制冷时间/s	最低制冷温度/K	蓄冷时间/s
1	11.3	87.52	48.7	11.1	87.83	66.9
2	11.7	87.52	47.1	11	87.68	65.8
3	11.9	87.52	45.2	11.2	87.83	65.3
4	11.8	87.52	45.3	11.2	87.68	65.1
5	11.6	87.52	46	11	87.68	67.6
6	11.8	87.52	45.4	11.3	87.68	65.8
7	11.6	87.52	45.6	11.2	87.68	65.9
8	11.5	87.52	46	11.1	87.68	65.1
9	11.6	87.52	45.8	11.1	87.68	65.5
10	11.6	87.22	45.2	11.3	87.68	65.4

参考文献

[1] 陈晓屏. 微型斯特林制冷机可靠性现状及趋势[J]. 真空与低温，2010, 16(4): 198-202.

[2] 陈国邦, 颜鹏达, 李金寿. 斯特林低温制冷机的研究与发展[J]. 低温工程，2006(5): 1-10.

[3] 王天太, 王立保, 张满春, 等. 高德红外 RS058 旋转斯特林制冷机设计及性能[J]. 红外技术，2016, 38(11): 990-995.

[4] 陈晓屏. 军用微型斯特林制冷机应用和技术发展趋势[C]. 第九届全国低温工程大会，2009: 137-142.

[5] 许红. 美国战术用线性斯特林制冷机进展[J]. 红外技术，2009, 31(7): 420-423.

[6] SHAFFER J, DUNMIRE H. The DOD Family of linear drive coolers for weapons systems cryocooler[M]. New York: Plenum Publishing Corp, 1997: 17-24.

[7] SALAZAR W E. Status report on the linear drive coolers for the department of defense standard advanced dewar assembly (SADA) cryocooler[M]. New York: Plenum Publishing Corp, 2002: 17-25.

[8] GARIN S TATE. Linear-drive cryocoolers for the department of defense standard advanced dewar assembly(SADA)[C]. SPIE, 2005: 138-144.

[9] 潘奇，王立保，黄太和，等. 1.3 W@ 77 K 线性分置式斯特林制冷机的研制[J]. 低温技术，2020, 48(12): 7-12.

[10] 曾勇，苏俊霏，黄太和，等. 微型轻量化线性压缩机设计及实验研究[J]. 真空与低温，2021, 27(3): 272-278.

[11] 李雪梅. 焦耳-汤姆逊效应及其应用[J]. 河北工业大学成人教育学院学报，1999(1): 5-8.

[12] 刘刚. 节流微制冷器技术[J]. 激光与红外，2008, 38(5): 413-416.

[13] 车家鹏，周建，陈晓屏，等. 微型节流制冷器在红外制导中的发展与应用[J]. 真空与低温，2011(1): 577-581.

[14] 江庆，徐海峰，杨海明，等. 一种节流制冷器的研制[J]，低温技术，2012, 40(12): 21-23.

[15] 李晓永，王玲，洪晓麦，等. 微型节流制冷器降温时间的优化研究[J]. 真空与低温，2021, 27(3): 267-271.

第6章 制冷红外焦平面探测器检测技术

制冷红外焦平面探测器是红外成像系统的关键部分，红外成像系统的整体性能、图像的处理优化都和探测器的性能有着直接关系。制冷红外焦平面探测器拥有数万个像元，并自带读出电路，具有信号采集和读出功能，与单元探测器相比，要对其进行准确评价相对比较复杂，需要一个精确有效的测试系统。另外，制冷红外焦平面探测器的性能参数和数据统计特征对红外图像处理也有极大影响。因此，无论是用户，还是制造者，都有必要对制冷红外焦平面探测器性能进行测试与评估。

本章将介绍制冷红外焦平面探测器关键参数及其测试方法，搭建了专用硬件平台与软件平台，针对典型制冷红外焦平面探测器检测结果进行分析讨论，并对典型问题进行分析。

6.1 制冷红外焦平面探测器关键参数及其测试方法

6.1.1 关键参数

单元红外探测器只负责把红外辐射转换为相应的电信号，而制冷红外焦平面探测器除具有光电转换的基本功能外，还集成了读出电路，能将电信号按固定的方式输出。因此，制冷红外焦平面探测器的参数评估与单元红外探测器的参数评估有很大不同，不仅要评估每个探测单元的性能，还要对红外焦平面阵列的性能进行整体评估。

依据国家标准《GB/T 17444—2013 红外焦平面阵列参数测试方法》及国家军用标准《GJB 7247—2011 红外焦平面探测器制冷组件通用规范》，红外焦平面阵列主要有以下几个关键参数。

（1）响应率和响应率不均匀性：在一定帧周期或行周期条件下，红外焦平面各像元对单位辐照功率产生的输出电压；红外焦平面各有效像元响应率的均方根偏差与平均响应率的百分比。

（2）噪声电压：红外焦平面在恒定温度黑体辐照条件下，像元输出信号电压涨落的均方根值。

（3）探测率：当 1W 辐照投射到面积为 $1cm^2$ 的像元上时，在 1Hz 带宽内获得的信噪比，即像元响应率与像元噪声电压之比，并折算到单位带宽与单位像元面积之积的平方根值。

（4）噪声等效温差：当噪声电压与目标温差产生的信号电压相等时，该温差称为噪声等效温差，即像元目标温差与像元信噪比之比。

（5）无效像元率：无效像元包括死像元和过热像元。无效像元数占总像元数的百分比，称为无效像元率。像元响应率小于平均响应率 1/2 的像元为死像元。像元噪声电压大于平均噪声电压 2 倍的像元为过热像元。

（6）有效像元率：红外焦平面的像元总数去除无效像元后，称为有效像元数。有效像元数占总像元数的百分比，称为有效像元率。

（7）噪声等效功率：信噪比为 1 时，红外焦平面接受的辐照功率，即红外焦平面平均噪声电压与平均响应率之比。

（8）制冷时间：从斯特林制冷机启动到红外焦平面芯片温度降至稳定工作温度所需时间。

（9）饱和辐照功率：在一定帧周期或行周期条件下，红外焦平面输出信号达到饱和时的辐照功率值。

（10）动态范围：红外焦平面在均匀辐照条件下，饱和辐照功率与噪声等效功率之比。

（11）相对光谱响应：红外焦平面在不同波长、相同辐照能的单色光照射下的光谱响应与其最大值之比。

6.1.2　关键参数测试方法

为准确测试制冷红外焦平面探测器各个像元、读出电路及整体装置的工作情况，需将探测器置于标准工况环境中，测量各个像元响应电压值，从而计算整体装置的各项关键参数。将被测器件置于工作台上，前端固定安装标准黑体辐射源，给予标准测试背景；后端连接信号采集与处理模块，将标准工况下采集到的各项性能指标参数实时传输到控制系统，再由控制系统计算关键参数值，判断被测器件的工作情况。整体测试系统框图如图 6-1 所示。

在开始测试前，需保证黑体辐射源温度稳定，输出不加调制，黑体辐射能确保焦平面各像元被均匀辐照。在采用面源黑体测试时，中波、长波红外焦平面器件测试的黑体温度 T_0、T 分别设置为 293K、308K；在采用点源黑体测试时，黑体温度 T_0 采用环境温度，中波、长波红外焦平面器件测试的黑

体温度 T 设置为 500K，短波红外焦平面器件测试的黑体温度设置为规定温度。按图 6-1 所示将测试系统安装调试完毕后，便可开始进行红外焦平面探测器关键参数测试。

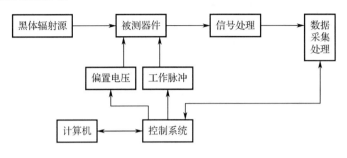

图 6-1　测试系统框图

给被测器件加上规定电压，使器件处于正常工作状态。分别将黑体温度 T_0、T 设置为 293K、308K，分别连续采集 F=100 帧被测器件两种工况的响应电压值，将 100 帧数据分别组合成两维数组 $U_{DS}[(i,j),T_0,f]$ 和 $U_{DS}[(i,j),T,f]$，如图 6-2 所示。利用测得的二维数组，便可计算获取多项红外焦平面探测器关键参数。

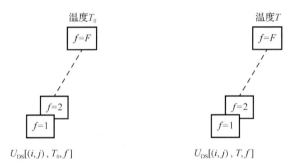

图 6-2　响应电压测试

1. 响应率和响应率不均匀性

根据测试系统测得的不同黑体温度下的响应电压，可计算被测器件响应率和响应率不均匀性。

1）像元响应电压

将 100 帧第 i 行、第 j 列像元输出电压测量值 $U_{DS}[(i,j),T_0,f]$ 分别代入公式，可求出黑体温度为 T_0 时，对应像元的 100 帧测量平均值 $\overline{U}_{DS}[(i,j),T_0]$，即

$$\overline{U}_{DS}[(i,j),T_0] = \frac{1}{F}\sum_{f=1}^{F} U_{DS}[(i,j),T_0,f] \tag{6-1}$$

将 100 帧第 i 行、第 j 列像元输出电压测量值 $U_{DS}[(i,j),T,f]$ 分别代入公式，可求出黑体温度为 T 时，对应像元的 100 帧测量平均值 $\overline{U}_{DS}[(i,j),T]$，即

$$\overline{U}_{DS}[(i,j),T] = \frac{1}{F}\sum_{f=1}^{F} U_{DS}[(i,j),T,f] \tag{6-2}$$

将黑体温度分别为 T、T_0 时第 i 行、第 j 列像元输出电压测量平均值相减，除以系统增益 K，便可求得对应像元的响应电压 $U_s(i,j)$，即

$$U_s(i,j) = \frac{1}{K}\left\{\overline{U}_{DS}[(i,j),T] - \overline{U}_{DS}[(i,j),T_0]\right\} \tag{6-3}$$

2）像元电压响应率

将斯忒潘常数 σ、面源黑体测试冷屏圆孔径 D、焦平面像元面积 A_D、冷屏孔面至焦平面像元之间的垂直距离等关键参数代入式（6-4），求得在黑体温度 T、T_0 辐照条件下，入射到像元的辐照功率差值 P，即

$$P = \frac{\sigma(T^4 - T_0^4)A_D}{4(L/D)^2 + n} \tag{6-4}$$

式中，当 $L/D > 1$ 时，n 取值为 1；当 $L/D \le 1$ 时，n 取值为 0。
再与像元响应电压相除，便可求得像元响应率

$$R(i,j) = \frac{U_s(i,j)}{P} \tag{6-5}$$

3）平均响应电压

将被测器件所有单个像元响应电压求和，并除以剔除死像元与过热像元的像元总数后，便可求平均响应电压

$$\overline{U}_s = \frac{1}{MN - (d+h)}\sum_{i=1}^{M}\sum_{j=1}^{N} U_s(i,j) \tag{6-6}$$

式中，d 为死像元数，h 为过热像元数。

4）平均响应率

将被测器件所有单个像元响应率求和，并除以剔除死像元与过热像元的像元总数后，便可求得平均响应率

$$\overline{R} = \frac{1}{MN - (d+h)}\sum_{i=1}^{M}\sum_{j=1}^{N} R(i,j) \tag{6-7}$$

5）响应率不均匀性

将单个像元的响应率、平均响应率及像元总数代入式（6-8），便可计算响应率不均匀性，即

$$UR = \frac{1}{\overline{R}}\sqrt{\frac{1}{MN - (d+h)}\sum_{i=1}^{M}\sum_{j=1}^{N}[R(i,j) - \overline{R}]^2} \times 100\% \tag{6-8}$$

2. 噪声电压

根据像元响应电压可求出像元噪声电压与平均噪声电压。

1）像元噪声电压

将 100 帧像元响应电压 $U_{DS}[(i,j),T_0,f]$ 与通过式（6-1）求得的响应电压平均值相减，除以系统增益，便可求得像元噪声电压 $U_N(i,j)$，即

$$U_N(i,j) = \frac{1}{K}\sqrt{\frac{1}{F-1}\sum_{f=1}^{F}\{\overline{U_{DS}[(i,j),T_0]} - U_{DS}[(i,j),T_0,f]\}^2} \qquad （6-9）$$

2）平均噪声电压

对上述像元噪声电压求平均值，便可求得平均噪声电压，即

$$\overline{U}_N = \frac{1}{MN-(d+h)}\sum_{i=1}^{M}\sum_{j=1}^{N}U_N(i,j) \qquad （6-10）$$

3. 噪声等效温差

将像元响应电压、像元噪声电压进行二次计算，便可求得噪声等效温差。

1）噪声等效温差

单个像元的噪声等效温差为

$$NETD(i,j) = \frac{T-T_0}{[U_s(i,j)/U_N(i,j)]} \qquad （6-11）$$

2）平均噪声等效温差

将所有像元的噪声等效温差之和除以有效像元数，便可获取平均噪声等效温差，即

$$NETD = \frac{1}{MN-(d+h)}\sum_{i=1}^{M}\sum_{j=1}^{N}NETD(i,j) \qquad （6-12）$$

6.2　制冷红外焦平面探测器参数测试系统

6.2.1　测试系统总体结构

受环境扰动与制造工艺缺陷影响，制冷红外焦平面探测器将不可避免地产生工作参数浮动，因此，要对探测器性能进行判定，就必须搭建标准化测试系统对其各项关键参数进行检测与评估，以保障产品整体使用性能。为更好地适应多种型号制冷红外焦平面探测器产品的检测与安装，测试系统应具有参数设置、数据采集与存储、关键参数计算评估等功能。

（1）参数设置：为适应不同型号与规格产品的检测，测试系统需具备参数调节、设置等功能。针对不同型号的制冷红外焦平面探测器，测试系统可以设置阵列大小、像元尺寸、黑体温度、检测模式等关键参数。

（2）数据采集与存储：在设置各项参数后，测试系统应具备对制冷红外焦平面探测器各项参数进行数据采集与存储的功能。将被测器件安装固定于检测平台上后，测试系统实时采集 F 帧被测器件响应信号数据，并通过数据传输通道输送至工控机进行存储。

（3）关键性能参数计算评估：测试系统还需对所采集的信号数据进行二次计算，得出方便阅读的可视结果。例如，如 6.1.2 节中所述，通过对采集到的像元响应电压进行计算，获取像元噪声电压、响应率等关键参数，再将这些数据绘制成可视化图像，便于人工检查分析。

依据上述功能需求分析，制冷红外焦平面探测器参数测试系统主要分为四个模块，分别为黑体辐射源、被测器件、测试工装、数据分析系统，整体工作流程见图 6-1。

6.2.2 测试系统硬件组成

在制冷红外焦平面探测器测试系统中，硬件设备主要包括提供标准红外辐射的黑体辐射源、被测器件、完成信号采集与转换的测试工装、作为数据分析处理中心的工控机等[2]，硬件框架如图 6-3 所示。

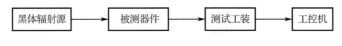

图 6-3 测试系统硬件框架

1．黑体辐射源

这里采用面源黑体辐射源，型号为 Fluke-4180，通过 RS 232 接口，由控制系统调控相关工作参数，具体技术指标如下：①目标直径：152.4mm；②温度调节范围：−15～120℃；③显示准确度：±0.4℃@0℃；④温度稳定度：±0.05℃@0℃。设备外形如图 6-4 所示。

2．被测器件

这里的待测制冷红外焦平面探测器为高德红外公司生产的 C1212M-2MT/RS058F 中波制冷红外焦平面探测器，如图 6-5 所示，因其响应速度快、测量准确度高、特征明显，适用于测试系统的检测验证。

图 6-4　Fluke-4180 黑体辐射源

图 6-5　C1212M-2MT/RS058F 中波制冷红外焦平面探测器

3．测试工装

　　系统测试工装为自主研发的测试装置（见图 6-6），内含信号采集探头，可实时采集红外焦平面探测器工作过程的响应电压，采集卡中的 A/D 转换模块将电压信号转化为数字信号，并通过 CAMERALINK 接口传输到数据分析处理中心。测试工装采用先进的 FPGA 等高性能器件作为图像处理硬件平台，集成先进的图像处理技术，极大地提高了图像质量、系统灵敏度和空间分辨率，具有 RS 232、USB 3.0、CAMERALINK 等接口，便于控制和显示图像信息。测试工装示意图如图 6-6 所示。

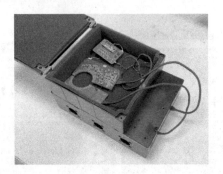

图 6-6　系统测试工装

4．工控机

测试系统采用 MSI 工控机作为数据分析处理中心，具体性能指标如下：①主机：IPC-610F-98N9；②主板：98N6-W480E；③CPU：I6-10900K；④内存：32GB/DDR4/2933；⑤扩展：2 个 PCI，3 个 PCIEX4（2 槽位扩展 16 个 USB 3.0），2 个 PCIEX16；⑥图像采集卡：PCI-CPL64。

图 6-7　MSI 工控机

6.2.3　测试系统软件组成

本小节基于前述测试系统硬件平台，适应性搭建测试系统软件。测试系统软件用于控制整个测试系统完成所需操作，包括测试系统的设备控制、参数设置、数据采集及性能参数计算等。测试系统软件框架如图 6-8 所示。

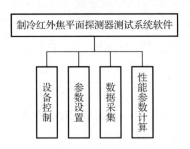

图 6-8　测试系统软件框架

图 6-9 所示为测试系统软件操作的基本流程。

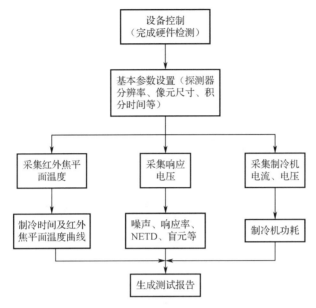

图 6-9　测试系统软件操作的基本流程

测试系统软件界面如图 6-10 所示，通过软件可完成项目所需的所有测试。在界面右上角的窗口中，可设置测试系统数据采集方式、电压范围、偏压和黑体等的关键参数，以便在测试开始前完成对测试系统的调整设置；在界面右下角的窗口中，可进行制冷红外焦平面探测器信息、报告评判、稳定

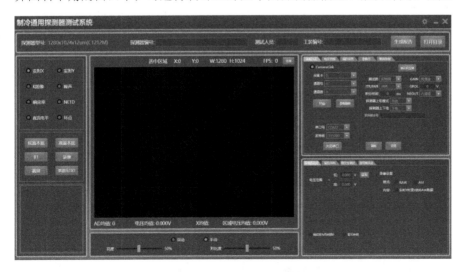

图 6-10　测试系统软件界面

性测试和信号板状态等参数的设置,在数据检测完成后,对所计算的数据进行二次计算;在界面正上方的窗口中,可输入制冷红外焦平面探测器型号、编号及测试人员的姓名和编号等信息,以便在测试报告中输出相关信息;在界面左侧窗口中,通过选择不同选项,可以设置当前数据采集类型为:实时X、实时Y、K图像、噪声、响应率、NETD、直流电平、坏点等,并将采集到的数据实时显示在显示窗口中;界面中间的黑色区域为测试结果显示窗口,根据所选择的不同测试参数,测试结果实时显示在该区域。单击界面右上角的"生成报告"按钮,便可生成测试报告,并保存在设备中,也可调取查看以前的测试报告。

6.3 典型制冷红外焦平面探测器测试结果

本节基于 6.1 节介绍的测试标准,采用 6.2 节介绍的自主开发专用测试系统,开展不同型号制冷红外焦平面探测器性能测试。首先,以 1280×1024 中波制冷红外焦平面探测器为例,进行盲元测试与分析,主要用直流电平、响应率及 NEDT 等指标测试盲元数及盲元率,测试条件如表 6-1 所示。

表 6-1 1280×1024 中波制冷红外焦平面探测器测试条件

参 数		数 值
测量参数	F 数	2
	积分时间/ms	5.0
	主频/MHz	20
	输出通道数	8
	像元面积/μm^2	144
	增益	低
温度参数	测试环境温度/℃	22
	红外焦平面温度/K	86
	黑体温度(低温)/℃	20
	黑体温度(高温)/℃	35

图 6-11 所示为直流电平测试结果,平图中一些明亮点表示电平值偏差较大。测试结果为:直流电平平均值为 1.90V;盲元数为 31(判定标准为 ±30%);直流电平盲元数占总盲元数的 0.002%。

图 6-12 所示为响应率测试结果,图中一些明暗点表示响应率偏高或偏低。测试结果为:像元响应率平均值为 $8.66×10^8$V/W,盲元数为 36(判定标

准为 ± 30% ），占总盲元数的 0.0027%。

（a）直流电平

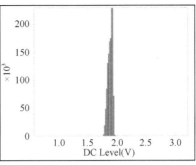
（b）直方图

图 6-11　直流电平图及其直方图

（a）响应率

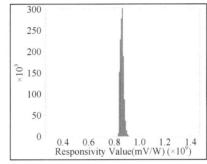
（b）直方图

图 6-12　响应率及其直方图

图 6-13 所示为 NETD 测试结果，图中一些明暗点表示噪声。测试结果为：像元 NETD 平均值为 7.46mK；盲元数为 350 （判定标准为 > 50.0mK），占总盲元数的 0.027%。

（a）NETD

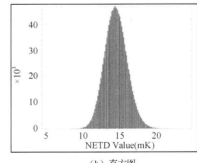
（b）直方图

图 6-13　NETD 及其直方图

通过上述三个指标测试盲元的结果汇总如表 6-2 所示，可见，总盲元率只有 0.03%≤1%，属于合格范畴。

表 6-2 1280×1024 中波制冷红外焦平面探测器盲元统计

盲元判定条件	响应率（±30%）	直流电平（±30%）	NETD（>50.0mK）	总盲元数
盲元数/个	36	31	31	354
盲元率（%）	0.00	0.00	0.03	0.03

图 6-14 所示为制冷红外焦平面探测器坏点图，表 6-3 和表 6-4 所示为不同区域坏簇统计结果。测试结果表明，各个区域坏簇都集中在 1 点簇和 2 点簇，主要为 1 点簇，团簇尺寸远小于 15，因此坏点在合格范畴内。

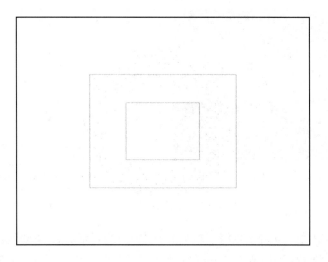

图 6-14 1280×1024 中波制冷红外焦平面探测器坏点图

表 6-3 1280×1024 中波制冷红外焦平面探测器 640 区域坏簇统计结果

点簇	坏点数	点簇	坏点数	点簇	坏点数
1 点簇	217	6 点簇	0	11 点簇	0
2 点簇	2	7 点簇	0	12 点簇	0
3 点簇	1	8 点簇	0	13 点簇	0
4 点簇	0	9 点簇	0	14 点簇	0
5 点簇	0	10 点簇	0	15 点簇及以上	0

表 6-4　1280×1024 中波制冷红外焦平面探测器 320 区域坏簇统计结果

点簇	坏点数	点簇	坏点数	点簇	坏点数
1 点簇	7	6 点簇	0	11 点簇	0
2 点簇	0	7 点簇	0	12 点簇	0
3 点簇	0	8 点簇	0	13 点簇	0
4 点簇	0	9 点簇	0	14 点簇	0
5 点簇	0	10 点簇	0	15 点簇及以上	0

表 6-5 所示为 1280×1024 中波制冷红外焦平面探测器的光学-电学性能测试结果，表 6-6 所示为探测器制冷机测试结果，可以看出，各项指标都在参考标准范围内，表明该探测器合格。

表 6-5　1280×1024 中波制冷红外焦平面探测器测试结果

光学-电学性能参数	测试结果	参考标准	合格/不合格
平均响应率/$V \cdot W^{-1}$	8.66×10^8	$\geqslant 10^8$	合格
响应率不均匀性（%）	1.55	$\leqslant 8$	合格
平均噪声电压/mV	0.6	$\leqslant 1$	合格
平均黑体探测率/$cm \cdot Hz^{\frac{1}{2}} \cdot W^{-1}$	1.74×10^{10}	$\geqslant 7 \times 10^9$	合格
NETD/mK	14.6	$\leqslant 25$	合格
盲元率（%）	0.07	$\leqslant 1$	合格

表 6-6　1280×1024 中波制冷红外焦平面探测器制冷机测试结果

制冷机参数	测试结果	参考标准	合格/不合格
制冷时间	5min22s	$\leqslant 8.5min$	合格
机最大功耗/W	14.568	$\leqslant 18$	合格
稳定工作时功耗/W	5.64	$\leqslant 8.5$	合格
制冷工质泄漏率/$Pa \cdot m^3 \cdot s^{-1}$	10^{-9}	$\leqslant 7.6 \times 10^{-9}$	合格

参考文献

[1] GB/T 17444—2013. 红外焦平面阵列参数测试[S]. 北京：中国标准出版社，2013.

[2] 薛联，袁祥辉. 红外焦平面阵列测试虚拟仪器系统[J]. 电子器件，2007，30(6): 310-313.

第 7 章　制冷红外焦平面探测器应用

随着红外技术的不断发展和相关制造水平的逐步提高，制冷红外热成像技术的应用，从最初的军事和科研领域普及到大量民用领域。制冷红外焦平面探测器在军事应用中，可以提升武器装备的战场目标感知能力、精确火力打击能力；在民用领域，可以在安全监测、视觉增强等方面发挥重要作用[1]。

图 7-1 列举了本章将重点介绍的制冷红外焦平面探测器典型应用场景，军事领域包括手持、车载、机载、舰载、制导、卫星等，民用领域包括气体检测、生态监测、安防监测、消防监测、视觉增强等。

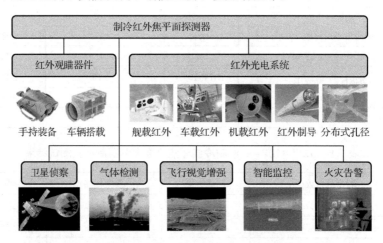

图 7-1　制冷红外焦平面探测器典型应用场景

7.1　红外观瞄器件

红外观瞄器件是现代化战争中单兵作战、机动作战等场景中的必要工具，其灵活性高，可实现夜间及低气象条件等低能见度下的目标侦察与识别，能够直接有效地提升信息获取能力，辅助作战人员进行观察及瞄准[2]。

图 7-2 所示为制冷型手持红外观测仪，用于夜间或不良天候下抵近观察战场，查明敌情、地形，辅助提高观察目标和射击效果。最新型制冷型手持

红外观测仪大多是多功能、智能化的，通常集红外热像仪，可见光、激光测距机，卫星定位（GPS 或北斗），电子罗盘，存储模块于一体，可接收引导指令、辅助搜索目标，具有目标自动突出标识功能。

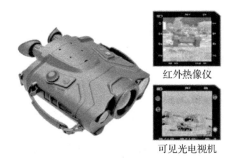

红外热像仪

可见光电视机

图 7-2　制冷型手持红外观测仪

图 7-3（a）所示为 1024×768 长波制冷红外焦平面热像仪，主要配装于机动武器平台，用于对地面目标和低空武装直升机的探测搜索，以及对地面目标的前视瞄准，主要由热像仪主机、大目镜显控器和线缆等部分组成。图 7-3（b）所示为履带战车搭载的红外热像仪，采用长波 640×512 制冷红外焦平面探测器，光学系统具有 310mm 超长焦距，能够实现远距离探测。

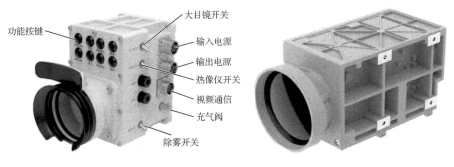

功能按键
大目镜开关
输入电源
输出电源
热像仪开关
视频通信
充气阀
除雾开关

（a）机动武器平台搭载　　　　　　　　　　（b）履带车搭载

图 7-3　机动武器平台及履带车搭载的红外热像仪

7.2　红外光电系统

红外光电系统在现代化战争中的应用极其广泛，一般具有光电跟瞄、光电监视侦察两大功能。根据应用场景的不同，红外光电系统包括舰载/车载/机载红外光电搜索跟踪系统和红外制导系统、机载分布式孔径系统等[3]。

舰载红外光电搜索跟踪系统主要探测和跟踪低空和海面的威胁，利用目标蒙皮气动加热或喷出的尾焰的红外辐射来探测跟踪目标[4]。图 7-4 所示为典型舰载红外光电搜索跟踪系统，搭载制冷红外热像仪（取证距离远，图像质量高），可以选择搭载各类激光器（包括激光测距机、激光照明器和激光炫目器），经系统集成的可见光观测距离远、清晰度高，可满足海面环境中远距离观测目标的需求。

图 7-4　典型舰载红外光电搜索跟踪系统

车载红外光电搜索跟踪系统主要配装于装甲车、履带车、坦克等军用车辆，如美国的 M1A2 SEP 主战坦克、中国的 QN506 坦克等，能够实现夜间观察指挥及瞄准射击[5]。图 7-5 所示为典型车载红外光电搜索跟踪系统，包括红外热像仪、激光测距机及光电转台，可以在作战时接收战车系统导引的目标信息，控制光电跟踪瞄向导引位置，以自动或半自动方式完成目标捕获、跟踪与激光测距，精确测量目标点坐标，通过特定接口将目标信息发送给战车后端系统，以进行精确打击。

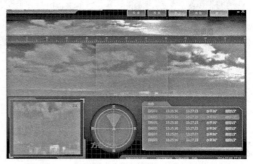

图 7-5　典型车载红外光电搜索跟踪系统用

机载红外光电系统主要用于空中侦察、夜视，以及导航和瞄准。例如，美国的 RC-135s "眼镜蛇球" 战略侦察机、中国的歼-16 战斗机等配备的红外光电系统极大地提升了其夜间作战能力[6]。图 7-6 所示为多种不同类型的机载红外吊舱。例如，四轴多波段高精度侦察吊舱，采用直径 450mm 的球形稳定平台，配备 1080P 可见光摄像机、制冷 1280×1024 大面阵红外热像仪等，吊舱质量小于 55kg，可对目标进行自动与疑似目标提示、目标定位、多目标记忆跟踪，具有多模式自动跟踪功能，并可为飞机火控系统提供目标火控信息。

图 7-6　机载红外吊舱

红外制导系统可利用温度差准确地捕获和跟踪目标，引导导弹准确攻击目标，是一种可以实现"发射后不管"的制导手段，也可以区分曳光弹等干扰物，有效地对抗红外干扰[7]。红外制导技术经过红外点源寻的制导、红外成像制导、凝视型红外焦平面阵制导等多代的发展，广泛应用于空－空导弹、空－地导弹、反坦克导弹、制导炸弹、制导炮弹等精确制导武器。图 7-7 所示为 PL-10、PL-15 空-空导弹，作为我国的第四代红外格斗导弹，已批量装备到一线。该系列导弹采用红外热成像制导，可配合头盔瞄准/显示器发射，弹体采用推力矢量技术，具有极高的使用过载，是一种非常致命的武器。

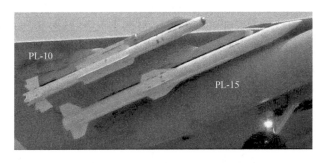

图 7-7　PL-10、PL-15 空-空导弹

分布式孔径系统（EODAS）能够基于战斗机的多个红外传感器，经过拼接形成全景红外图像并传至飞行员头盔，使飞行员具有球形视野。美国的 F-35 战斗机在机身外六个方向上布置了球形覆盖的、像元数为 1024×1024

的碲镉汞焦平面阵列传感器，分别位于机头、机腹、机背部位，可为飞行员提供全方位态势感知。中国的歼-20 战斗机是全球第二个配备该系统的战斗机，六个光学窗口分别位于座舱前后、机头两侧、机腹菱形突起的前后，能够对飞机周围空域进行全向探测和警戒。图 7-8 所示为典型的分布式孔径系统的全景拼接效果，可实现全空域和宽频谱覆盖，强态势感知能力，图像质量好，能适应各种复杂场景应用的特点，极大提升飞机综合能力。

图 7-8　分布式孔径系统的全景拼接效果

7.3　卫星侦察

侦察卫星携带红外成像设备可获得更多地面目标的情报信息，并能识别伪装目标，以及在夜间对地面的军事行动进行监视。很多国家的现役光学成像侦察卫星上都配备了红外成像系统，如美国的"高级 KH-11"卫星、俄罗斯的"宇宙 2344"卫星及法国的"太阳神 2"卫星等。导弹预警卫星利用红外探测器可探测到导弹发射时尾焰的红外辐射并发出警报，可为拦截来袭导弹提供一定的预警时间。

如图 7-9 所示，"天基红外系统"（SBIRS）是美国新型反导系统的重要组成部分，是美国正在研制的下一代天基导弹预警系统。SBIRS 包括 6 颗高轨道卫星和 24 颗低轨道导弹跟踪系统（SMTS）卫星。6 颗高轨道卫星由 4 颗地球同步轨道（GEO）卫星和 2 颗大椭圆轨道（HEO）卫星构成。4 颗地球同步轨道卫星都装有高速扫描探测器和凝视型红外焦平面探测器，分别负责一维阵列扫描和二维详细观察。2 颗大椭圆轨道卫星旨在加强预警系统对南极和北极地区的监视。每颗低轨道卫星都有一个宽视场的捕获探测器和一个窄视场的跟踪探测器，具备捕获和跟踪弹道导弹的能力[8]。

近年来，中国侦察卫星相关技术发展迅速，目前，我国军用光学侦察卫星主要有"尖兵"可见光系列侦察卫星和"前哨"系列红外预警卫星。对地观测技术发展突飞猛进，对地观测卫星高度为 $200 \sim 3.6 \times 10^4$ km，观测精度从 10m 到 5m、3m、1m、0.5m，直至今天的 0.1m，这意味着中国已经拥有了可与美国在役的最先进的 KH-12 卫星媲美的遥感卫星。

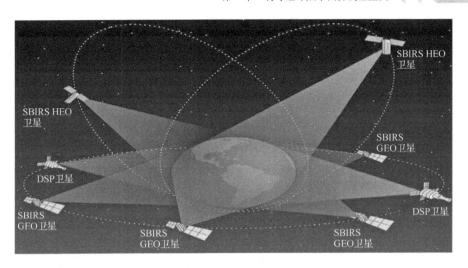

图 7-9　美国"天基红外系统"示意图

7.4　气体检测

在工业生产过程中，存在很多可能造成气体泄漏的环节，而多数危险气体的泄漏肉眼无法察觉，导致在泄漏初期不能及时发现并做出相应的补救措施，最终对环境、财产和人身安全造成重大威胁。红外气体检测技术能够高效率地对较远距离的泄漏源进行实时检测，可以将气体泄漏情况用成像仪直观地呈现，成为各领域检测气体泄漏的有效手段之一[9]。

美国 FLIR 公司在 2007 年推出了可检测乙醇、甲醇、乙烯、乙苯、MEK 甲基乙基酮、二甲苯、橡胶基质等挥发性有机物（VOC）的 Gas Find IR^{TM} 成像仪，采用 InSb 红外焦平面探测器，工作在 3～5μm 波段范围内，分辨率为 320×240。如图 7-10 所示，挪威某垃圾填埋场使用 Gas Find IR^{TM} 红外热像仪检测甲烷泄漏，以预防气体排放失控，保持空气清新。

图 7-10　使用 Gas Find IR^{TM} 检测天然气泄漏

中国气体泄漏红外检测技术近年来发展迅速，基于高性能探测器、信号处理电路、专用气体增强算法，可以实现高灵敏度和智能化的气体探测。图7-11 所示是采用高德红外设备进行气体泄漏检测的场景图，具有高效省时的优点，可以快速定位泄漏位置，而不中断生产过程；具有安全遥测的优点，不需要靠近危险区域，不损坏待检器件，不需要额外辐射源；具有适应性强的优点，可检测人员难以到达的区域，在光线不良的情况下也能工作。

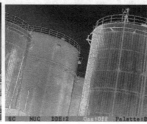

图 7-11　气体泄漏检测的场景图

7.5　飞行视觉增强

在夜航、恶劣天气及低能见度条件下，采用飞行视觉增强系统（EFVS）可以让飞行员更清晰地识别跑道和周边环境，提高情景意识，有助于减少飞行事故的发生。EFVS 可结合安装于机头的传感器输入信号，创建有关飞机外部情况的增强现实视图。该传感器采用了多个红外和可见光摄像头，在低能见度环境中，能够比人眼更好地"透视"周围情况[10]。

EFVS 的主要作用包括减少对地面导航设施的依赖、增强商用干线飞机的驾驶安全性，以及助力超声速民用飞机的研发。在商用飞机领域，柯林斯宇航公司为波音 737 飞机安装了全新的飞行视觉增强系统，如图 7-12 所示，在巴林国际机场运营的 Texel Air 成为首批应用该系统的航空公司之一。该系统包括柯林斯宇航公司的多光谱成像传感器 EVS-3600，能够在低能见度和黑暗环境中比人眼更好地"透视"周围情况。EVS-3600 采用了多个红外和可见光摄像头，为飞行员提供超越自然视觉的平视视野。在平视显示器上查看时，EFVS 可提高情景意识，并能够在低能见度条件下进行操作。

目前，在航空领域已经投入使用的，以红外焦平面芯片为核心的制冷红外飞行视觉增强系统包括美国公务机制造商湾流宇航公司生产的 G500/G600/G450/G550/G650 机型；法国飞机制造商达索公司生产的猎鹰 8X/2000LX/900LX 机型；加拿大庞巴迪公司生产的环球 5500、6500 公务机；美国洛克希德·马丁公司发布的 X-59 静音超音速飞机等。

图 7-12　波音 737 飞机安装的飞行视觉增强系统

7.6　智能监控

红外监控系统即使在完全无光、距离较远时，也可以对任何有温度的物体成像，并且可以透过烟雾、云雾，包括经伪装的目标和高速运动目标，因此可以实现普通监控难以实现的目标监控功能。其中，安防监控和生态环境监控是红外智能监控的重要应用领域。

安防监控关系到国家安全、社会稳定，发挥着不可替代的作用[11]。特别是在边境线、边防哨所、海岛等无人区域，面积广、环境复杂，红外监控系统能 24 小时全天候工作，夜间成像能力好，且能透过伪装和草丛、树叶，探测出隐蔽的热目标（见图 7-13）。此外，还可通过 AI 算法识别、目标跟踪及深度学习，在复杂的环境中识别潜在风险，可快速报警，提供准确的位置信息，通知执法人员前往处置，从而成为边防管理现代化、科技化、信息化的有力工具。

图 7-13　红外安防监控应用场景

生态环境是人类生存、生产与生活的基本条件，保护生态环境是为了人类的生存与发展。基于红外监控技术，可以及时帮助发现非法捕捞、非法采挖、非法排放等大多数在夜间发生的破坏生态环境的事件[12]。例如，在长江大保护工程中打击违法捕捞时，基于红外生态监控系统（见图 7-14），采用空、地立体结合的监控手段，对整个长江水域进行全天候、全覆盖的实时监控，终端背后是集监测、分析、控制于一体的指挥平台，可实现多方数据互通、资源共享，提高工作效率。

（a）终端 　　　　　　　　　　　　　　　　　（b）指挥平台

图 7-14　红外生态监控系统的终端及指挥平台

7.7　火灾告警

消防是红外热像仪应用较多的民用领域。基于红外成像的烟雾及测温特性，红外热像仪可应用于火灾警示、火场救生和检测设备，用于确定火焰中心位置、燃烧程度和蔓延情况[13]。

森林火灾是消防领域的重点之一，森林防火红外监控系统通常将视频监控与地理信息系统、GPS、林火自动识别报警系统等进行集成，能够实现火情实时监控、林火自动识别、自动报警等功能。在灭火救援中，消防人员在火灾中要第一时间进入火场，进入前要进行火场侦察，而红外监控系统可以准确地报告着火点的位置，以及火势蔓延的方向和大小。在清除余火阶段，通过红外监控系统可以及时发现并迅速消除可能出现的余火，防止复燃发生。

图 7-15 所示为内蒙古呼和浩特市森林重点火险区所应用的森林防火红外视频监控系统，主要覆盖呼和浩特市及其所辖 8 个旗县（区、林场）的森林重点火险区。该系统以热成像远距离非接触森林测温报警为主，以可见光烟雾识别林火报警为辅，可实现区域内公益林区全覆盖，实现夜视监控、森林火灾无人值守报警、远程监控 365 天×24 小时不间断逐圈扫描，以落实"早

发现、早出动、早扑灭"的森林防火"三早"战略，确保把森林火灾扑灭在
萌芽或始发阶段。该系统为森林管理提供了全面、安全、快捷的数字技术服
务，能满足数字森林防护调度、火灾管理所必需具有的综合管理能力和应用
能力，可进一步完善了重点火险区森林防火监控体系，强化林木林地资源保
护，减少森林火灾损失。

图 7-15　森林防火红外视频监控系统

参考文献

[1] 李维，武腾飞，王宇. 焦平面红外探测器研究进展[J]. 计测技术，2016，
36(1):5.

[2] 关强. 单兵红外观瞄系统结构设计及分析[D]. 昆明：昆明理工大学，2011.

[3] 田桂荣，张宇，谷阿函，等. 光电/红外传感器的军事应用与发展[J]. 舰
船电子工程，2007，27(6):6.

[4] 张渊.舰载红外搜索跟踪系统的新体制研究[J]. 红外与激光工程，2009，
38(4):583-588.

[5] 王笑梦. 中国民企进军陆战场 高德红外集团的新型陆战兵器[J]. 坦克装
甲车辆，2019(3):6.

[6] 国产战机的"夜视鹰眼"——浅谈我国机载夜间导航吊舱系统. 资料来
源于搜狐网.

[7] 张旗. 红外成像制导技术的应用研究[D]. 北京：北京理工大学.

[8] 中信建投-红外行业深度之二：国内军品渗透率不断提升，民品拓展依赖
成本下降. 资料来源于网络.

[9] 熊仕富. 红外热成像甲烷气体探测与识别系统关键技术研究[D]. 长春：
长春理工大学.

[10] 柯林斯宇航 EVS 系统可使低能见运行更加安全. 资料来源于网络.

[11] 许金胜. 安防热成像产品市场的发展现状与趋势[J]. 中国安防, 2016(4):4.

[12] 王文高,任治华,胡倩,等. 湖北武汉对长江"十年禁渔"中智慧渔政的探索与实践[J]. 中国水产, 2022, 557(4): 63-65.

[13] 蒋鹏飞. 热像仪在消防工作中应用探讨[J]. 中国设备工程, 2021(18):2.